ゴム科学

―その現代的アプローチ―

池田裕子
加藤　淳
鞠谷信三
高橋征司
中島幸雄

［著］

朝倉書店

執筆者

池田 裕子（いけだ ゆうこ） 京都工芸繊維大学分子化学系教授
(2.2節, 2.3節, 3.3節, 3.5節, 4.2節, 4.3節／コラム1, 2)

加藤 淳（かとう あつし） 株式会社日産アーク オートモーティブ解析部
(3.1節, 3.2節, 4.1節)

麹谷 信三（こうじや しんぞう） 京都大学名誉教授
(1章, 2.4節, 3.4節, 6章, あとがき／コラム3, 5)

高橋 征司（たかはし せいじ） 東北大学大学院工学研究科准教授
(2.1節, 4.4節)

中島 幸雄（なかじま ゆきお） 工学院大学先進工学部教授
(5章／コラム4)

(50音順)

まえがき：ソフトマテリアルとしてのゴム

「ゴムは奇妙な物質である」とは，著名な物理学者・久保亮五が著したゴム科学の名著『ゴム弾性』(1947年刊，河出書房；1996年に裳華房から復刻版が出ている)の冒頭の言である．この奇妙さは，子供のころにゴム風船やゴムひもで遊んだときにそのユニークな挙動に驚いた経験の源泉であり，楽しさとして長く記憶に残った方もおられるだろう．輪ゴムのように柔らかく，また時にはタイヤのようにタフでもあるゴムの幅広い特性は，新しい材料であるソフトマテリアルの一般的な特徴でもある．自然界を観察したときの「なぜ？」とあわせて，これらの驚き（好奇心，疑問）は科学に興味をもつ一番の動機であろう．

本書は副題「その現代的アプローチ」に示されるように，21世紀におけるゴム技術の新展開に対応すべく「現代的」なゴム科学のテキストとして執筆された．ゴムは，繊維，プラスチックとならんで高分子（ポリマー）材料の1つであるが，歴史的には高分子科学の確立に決定的な役割を演じたにもかかわらず，「高分子」を主題とした教科書ではゴムに十分な説明が与えられていない場合が多い．興味深いことに，その高分子教科書の多くが本文冒頭の歴史で，スタウディンガーらのゴム研究に言及している．高分子説の確立に欠かせない研究であったからである．1839年の加硫の発明と20世紀初頭に始まった自動車用ゴムタイヤの大量生産は，高分子化学の確立（1940年頃）以前であったから，ゴム科学の成立に先立ってゴム工業は産業界ですでに大きな位置を占めていた．つまり，20世紀になっても技術が科学を先導した典型的な例の1つであったこと，がその原因となったのかもしれない．

こうした歴史的事情を反映して，従来のゴム・エラストマー関係のテキストは，過去100年に及ぶゴム技術の集大成の観を呈するものが少なくない．現代科学からみて「古い」のではないかと思える手法や，すでに一般化した技術が前面に出ている場合もあった．本書では，科学の中核としての技術学を定義し，化学，物理学，材料科学，バイオテクノロジーの最新の成果をゴム・エラストマーにどう

生かし，ポリマーゲル，液晶，コロイドなどとともにソフトマテリアルとしてどう発展させるかを考えるためのテキストを目指している．そのために，ここではゴムの科学と技術についての全般的な解説ではなく，現代的分析技術の導入，反応解析・材料設計，工学的な製品設計の最新の成果の紹介などに重点を置き，可能な限り体系的な解説を心がけた．

ソフトマテリアルの時代が展開しつつある21世紀において，「伝統的」ともいえるゴム科学の新たな展開は交通化社会の持続的発展に欠かせないものであり，本書がそのための第一歩となることを願っている．

2016年10月

池田裕子，加藤　淳，鞠谷信三，高橋征司，中島幸雄

目　　次

1　序論：ゴムの歴史とその現代的課題 ……………………………………………… 1
  1.1　ゴムとエラストマー　1
　　1.1.1　材料と物質　1
　　1.1.2　材料が時代を特徴づける　2
　　1.1.3　ゴムとエラストマー材料の科学　3
  1.2　天然ゴム：ユニークな天然高分子　5
　　1.2.1　天然ゴムの特異性　5
　　1.2.2　合成天然ゴム？　6
  1.3　アモルファス高分子としてのゴム・エラストマー　6
　　1.3.1　アモルファス　7
　　1.3.2　ガラス転移温度　7
　　1.3.3　ソフトマテリアルの時代と技術　8

2　ゴムの基礎科学 ……………………………………………………………………… 14
  2.1　天然ゴムの植物学と生化学　14
　　2.1.1　サスティナブル材料としての天然ゴム　14
　　2.1.2　天然ゴムの生合成反応　18
  2.2　化学：重合，高分子反応とその場反応　24
　　2.2.1　重合反応：合成ゴム　24
　　2.2.2　高分子反応：ゴムの化学修飾　28
　　2.2.3　ゴムにおけるその場（*in situ*）反応　29
  2.3　化学：架橋反応　31
　　2.3.1　加硫の発明と発展　31

2.3.2　有機加硫促進剤と加硫活性化剤　33
　2.3.3　過酸化物架橋とその他の架橋反応　36
2.4　物理学：ゴム状態とゴム弾性論　39
　2.4.1　ゴム状態　39
　2.4.2　ゴム弾性（エントロピー弾性）　43
　2.4.3　科学史におけるゴムとゴム弾性論の役割　48

3　ゴム・エラストマーの材料科学　57

3.1　材料の物性　57
　3.1.1　力学物性　57
　3.1.2　熱物性　65
　3.1.3　電気物性　70
3.2　光学物性　75
　3.2.1　ゴムと光学？　75
　3.2.2　シリコーンゴムの屈折率　77
　3.2.3　シリカ充てん天然ゴムの光学的透明性　78
3.3　高機能性ソフトデバイスへの展開　84
　3.3.1　ゴム・エラストマーにおける機能性の考え方　84
　3.3.2　バイオアクティブエラストマー　86
　3.3.3　イオン伝導性エラストマーとリチウムイオン電池　88
3.4　天然ゴムの結晶化　89
　3.4.1　結晶構造の解析（WAXD）と結晶化度　89
　3.4.2　天然ゴムの伸長結晶化（SIC）　91
　3.4.3　天然ゴムの低温結晶化　95
3.5　熱可塑性エラストマー（TPE）とリアクティブ・プロセッシング　98
　3.5.1　化学架橋と物理架橋　98
　3.5.2　化学反応からみたゴムの加工プロセス　99
　3.5.3　熱可塑性エラストマー（TPE）：加硫なしで使えるゴム？　102
　3.5.4　動的架橋熱可塑性エラストマー（TPV）：加硫しても熱可塑性？　104

4 ゴム・エラストマー技術の新展開 ・・・・・・・・・・・・・・・・・・・・・・・・・・・・・・・・・・・ 112
4.1 補強性ナノフィラーの重要性とその凝集構造　112
4.1.1 ゴム／ナノフィラー複合体　112
4.1.2 3次元透過型電子顕微鏡観察の原理と測定法　113
4.1.3 ゴムマトリックス中のフィラーネットワーク　114
4.1.4 ナノフィラーによるゴム補強のメカニズム　119
4.2 ネットワーク構造の散乱法・分光法による評価　123
4.2.1 加硫反応と網目構造の不均一性：X散乱線と中性子小角散乱　123
4.2.2 X線分光法による加硫構造の特性化　128
4.3 ゴム加硫技術の新展開　130
4.3.1 加硫反応研究における新中間体　130
4.3.2 21世紀におけるゴム加硫技術の新しいパラダイムは？　133
4.4 21世紀における天然ゴムのバイオテクノロジー　137
4.4.1 パラゴムノキの遺伝子組換えによる分子育種　137
4.4.2 パラゴムノキ以外の天然ゴム産生植物の分子育種　144
4.4.3 遺伝子工学の展開　145

5 ニューマチックタイヤ ・・ 151
5.1 車輪の発明からニューマチックタイヤまで　151
5.1.1 車輪の発明　151
5.1.2 ゴム製タイヤの発明　152
5.1.3 ニューマチックタイヤの誕生と発展　152
5.2 ニューマチックタイヤの機能　159
5.2.1 タイヤに要求される機能とメカニズム　159
5.2.2 タイヤの設計要素　161
5.3 ニューマチックタイヤの工学的設計　163
5.3.1 タイヤの形状設計　163
5.3.2 タイヤの構造設計　165
5.3.3 タイヤのパターン設計　166
5.4 ニューマチックタイヤの材料設計　167

    5.4.1　材料設計の考え方　167
    5.4.2　ポリマーのブレンドと末端変性ポリマーによる粘弾性のコントロール　171
    5.4.3　シリカ充てんタイヤ　172
  5.5　タイヤの将来像　173
    5.5.1　タイヤを取り巻く環境　173
    5.5.2　タイヤの将来と21世紀のタイヤ技術　175

6　ゴム・エラストマー科学の未来 ……………………………………… 184
  6.1　サスティナビリティとゴム　184
  6.2　自動車と交通化ネットワーク社会　186
  6.3　「交通化社会」を超える次世代のゴム・エラストマー科学は？　188

あとがき ……………………………………………………………………… 195
付　　録（市販ゴム材料一覧）………………………………………………… 200
索　　引 ……………………………………………………………………… 204

――――――――――――――――――――　コラム ● ● ●

  1. ゴム材料概観（市販品を中心として）　10
  2. グッドイヤーとオーエンスレーガー　37
  3. シリコーンゴムとフッ素ゴム；無機ゴム？　有機ゴム？　83
  4. ゴムを用いた免震デバイス　122
  5. ノーベル賞の功罪　191

1 序論：ゴムの歴史とその現代的課題

1.1 ゴムとエラストマー

1.1.1 材料と物質

　ゴムの科学を学ぶにあたって，まず「材料と物質の違い」を明らかにしておこう．材料（material）は日常生活でも用いられることが多く，例えば「今晩の夕食は久しぶりにすき焼きにするから，肉とねぎ，そして豆腐を買ってきて！」と言ったとき，肉，ねぎ，豆腐はすき焼きの材料と理解する．この場合にそれら食品は物質（matter, substance）でもあるが，ここでは物質ではなく材料としての話である．この事情を科学的に示すと図1.1のようになる[1]．この図は，集合名詞である材料の和集合は物質のそれより小さな和集合であり，かつ物質に含まれていることを示している（図中の情報と事実については後述）．「材料を物質から区別する基準はなにか？」が次の問題となる．それは「社会的な有用性」，「みんなに役に立つこと」である．夕食のすき焼きに有用な物質が材料として選ばれている．一方，物質は役立つかどうかとは関係のない概念である．本書で扱うゴムも物質であると同時に材料であり，物質として自然科学的な取り扱いをするとともに，重要な技術的展開について材料科学の立場から説明を行う．

図1.1　材料と物質の関係

1.1.2 材料が時代を特徴づける

材料は有用なものであるから，人類（human race）の歴史は主に使用していた材料によって時代区分される．すなわち，約700万年前に現れた猿人がさらに進化して，約240万年前には原人（ホモ属，すなわち人類の始まり）が現れた．原人が石をたたいてできた剥片（オルドワン型石器）を利用して，石器時代（旧，中，新に区分される）が始まった．旧石器時代（約200万年前〜）に人類は火の利用を覚えて粘土の加熱により土器を創り出し，剥片をさらに打ち欠き磨いて鋭利な石器を開発し（中石器時代），本格的な材料加工が始まった．土器による調理と貯蔵は利用可能な食物材料の範囲を拡大させた．調理は食材の物理的変化に加えて化学的変化（化学反応）を利用するプロセスで，調理を通じて人間の食生活は現生人類（*Homo sapiens*）への進化を促進したと考えられる．そして8〜7万年前から，現生人類は東アフリカから世界各地へと拡散していった[2,3]．

最終氷期も末期の約1万2000年前，中東の「肥沃な三日月地帯」に始まった穀物の栽培によって，採取・狩猟中心の生活から農耕生活への転換が始まった[4]．「必要は発明の母」で，石器は農耕作業用により精巧なものが工夫され，新石器と土器が全地球的に発展してゆく．農耕は定住を必要とし，また穀類は長期保存が可能なため食糧供給が飛躍的に安定性を増し，結果として新石器時代は人類「文明」と「文化」の本格的な進展が開始される時代となった[4〜6]．錫の産地が限定されていたことから短期間であった青銅器時代を経て，約7000年前には鉄器の利用が始まり[2,7,8]，鉄器の普及にともなって「文明化」が人類の歴史を動かすキーワードとなって現代に至っている[9〜11]．

鉄器の重要性は，鉄器の利用以前の社会を「未開」社会と呼ぶことにみられるように，鉄だけではなく多種多様な材料の利用を可能とした点にある．文明化社会における材料の多様化の流れのなかで，中南米のマヤおよびインカにおける「石器の都市文明」[12]では天然ゴム（natural rubber：NR）が採取されてゴムボールが作られた．しかし，それを用いた球技は宗教的・政治的意味をもつものであったから祭祀用といえる[5,6]．「大きく伸びて，すぐ元に戻る」を，弾性材料として広く利用することは比較的最近に始まったことである．その際，グッドイヤー（C. Goodyear）による加硫（vulcanization）の発明（1839年）が，ゴム弾性の利用にとってブレイクスルーとなったこともよく知られている（2.3節参照）．トム

ソン（R. W. Thomson）によるゴムのユニークな弾性挙動を利用した空気圧入タイヤ（pneumatic tire）の発明（1845年，第5章）と合わせて，ゴムは他に代えがたい材料となって現代の交通化社会を支えて今に至っている[5,6]．

1.1.3 ゴムとエラストマー材料の科学

20世紀になって合成ゴム（synthetic rubber）が現れ[13〜15]，自動車の普及とともにタイヤ用ゴムの需要が急速に伸びていった．ゴム弾性（rubber elasticity）のユニークさが学問的な興味を呼び起こすとともに，ゴム弾性体の利用が広がるなかで特に合成ゴム分野でエラストマー（elastomer）も広く用いられる用語になった[14]．ゴムとエラストマーは同義に用いられることも多いが，「エラストマー」はゴム弾性を示す材料で架橋ゴム（cross-linked rubber）と熱可塑性エラストマー（thermoplastic elastomer：TPE）を意味し[16]，「ゴム」は原料となる生ゴムや粘着剤・接着剤用など非架橋ゴムも含めてエラストマーより広い範囲の物質・材料をカバーするとともに，ゴム弾性，ゴム状態，ゴムマトリックスのように概念を表現する場合にも用いられる．

科学の一般的な分類を表1.1に示す[1,15,17]．この表で注目すべきことは，①哲学はこの世界を全体としてどう観るかを考える学問で，数学は世界の数量的側面を対象としている．したがってこの2つは人文・社会・自然科学・技術学の全学問分野に関わり，それらとは別に分類される．②工学，農学，医学は理系の名称のもとで自然科学の分野とされてきた．しかし，これは歴史的な経過から技術（technic, technique）が軽視されてきた事情に基づく誤った分類である[17〜19]．

表 1.1 科学（学問）の対象による分類

哲　学　…世界観	自然科学　…自然
数　学　…世界（数量的側面）	物理科学
人文科学　…人間	物理学
歴史学	化　学
地理学	天文学
文　学	地　学
心理学	生物科学
社会科学　…社会	生物学
経済学	技術学　…技術
法　学	工　学…工業技術
社会学	農　学…農業技術
教育学	医　学…医療技術

したがって，③工学，農学，医学を技術学（technology）として自然科学と区別し，人文・社会科学の成果をも取り入れた科学として定義する．これらを技術学として再構築しさらに発展させることは，持続的発展（sustainable development）の危機に直面している現代人が避けては通れない課題であろう．

表1.2には現時点で成立している，あるいは成立しつつある新しい技術学を示す．本書が対象とするゴムの科学が，材料科学の一分野であることは，明らかであろう．材料科学の最近の話題はいわゆるナノ・テクノロジーである．ゴム分野でもナノの視点は重要であり，本書でもいくつかのトピックスを取りあげる．表1.2の情報科学の対象である情報は図1.1に示されている．有用な物質が材料であるのと同じように，有用な事実が情報である．社会的・客観的に「有用であるかどうか」は人文・社会科学的考察なしには決定できないから，情報科学や材料科学を自然科学に分類することは適切ではない[1,17]．バイオテクノロジーは生物学，医学，農学を横断する技術学で発展途上にあり，最近のSTAP細胞騒動に表れたような克服すべき課題も抱えてはいるが[5,20]，iPS細胞（induced pluripotent stem cell）[21,22]の発展にみられるように人類の持続的発展にとって重要であり，バイオテクノロジーのなかで技術学的確立が近い分野が増加しつつあり，全体としての確立はいまだ将来的な課題といえるかもしれない．

さらに新しい技術学は環境科学であろう．環境問題は人類の誕生と同時に生まれたが，「環境科学」としてのスタート地点は，1962年のカーソン（R.L. Carson, 1907-1964）著 "Silent Spring"（『沈黙の春』）の出版であろう[23]．日本では1960年代に顕在化した公害問題があり[24]，その深刻さが汎人類的な問題として認識されて多くの研究者が問題解決に取り組み，環境科学の確立へと進んだ．その歴史的経過からも日本の研究者が大きく貢献してきた分野である[25]．

この表に示した以外にも新しい「科学」が提案されているが，ある科学史研究者は，「気にかかるのは，20世紀末以降大学改革で多くの不思議な名前の学部が

表1.2 新しい技術学とその対象

材料科学	…材料
情報科学	…情報
バイオテクノロジー	…生命技術
環境科学	…環境

誕生していること」と述べている[26]．対象となる技術がいかに有用で優れたものであっても，科学の一分野として成立するためには一定の条件を備える必要がある．天然ゴムを含むゴムの科学についても，発展の歴史をふまえて検討すべき課題がある．それは 18 世紀から 20 世紀初頭にかけて博物学（natural history）が科学に分化・発展してゆく過程で，古代ギリシアの原子論の復活[27,28]と中世の錬金術を源泉として[29]，ラボアジェらにより近代化学が成立したことである[30〜32]．古く博物学とされてきた分野が，現代科学として成立した後の到達点がゴム科学にもっと反映される必要があり，本書もこの方向での貢献を目的としている．さらに技術は「有用であること」が条件である．この観点からのゴム科学についての考察は 1.3.3 項で再論する．

1.2　天然ゴム：ユニークな天然高分子

1.2.1　天然ゴムの特異性

天然ゴム（NR）は数ある天然高分子・バイオポリマー（biopolymer, biomacromolecule）のなかでも特異な性質を示す[5,6,20,33]．第 1 に NR はゴムのなかで唯一のバイオマスであり，第 2 に天然高分子で数少ない炭化水素（C と H 原子だけで構成される分子）である[20]．第 3 に，バイオポリマーは複数の植物や動物から得られるのが普通であるが，現在 NR の 98% は熱帯で栽培されているヘベアブラジリエンシス（*Hevea brasiliensis*，ヘベア樹）から収穫されている．第 4 に NR はゴム弾性（rubber elasticity），すなわち熱力学的エントロピー弾性（entropy elasticity）を示すユニークな固体で[33,34]，エントロピー弾性の他の例は空気のような気体に限られる．この特性を生かした画期的なデバイスが，ゴムと空気のエントロピー弾性を利用したニューマチックタイヤ（pneumatic tire）である[5,6]．さらに，バイオポリマーである NR は再生可能で，将来石油資源が枯渇しても生産可能，かつカーボン・ニュートラル（carbon neutral；生産の過程で温暖化の原因とされる CO_2 濃度の増加がない）であり，これらの特徴は，NR がこの地球における人類の持続的発展のために必要不可欠な材料であることを示唆している[20,33]．

1.2.2 合成天然ゴム？

NR はパラゴムノキによって生合成 (biosynthesis) され，タッピング (tapping)，すなわちナイフを用いた切りつけ法による手作業によって栽培ヘベア樹から採取される[5,6,35]．18 世紀末からの有機合成の進歩のなかで多くの化学者がゴムの化学合成に挑戦してきたが，NR の完全化学合成は 21 世紀になった今も成功していない．合成ゴムとして 1930 年代に開発され，第二次世界大戦中に工業生産が始まったスチレンブタジエンゴム (styrene butadience rubber：SBR) は，乗用車用タイヤなどに広く用いられている汎用合成ゴムである[14,15]．しかし，図 1.2 に示すように NR と SBR の化学構造（モノマー単位）はまったく異なり，SBR は NR と違って航空機，バス，大型トラックなど重量級タイヤには用いられない．

図 1.2 にみるように，イソプレン単位は NR の構成モノマー単位で，二重結合の配位が cis 型であり化学構造から NR は cis-1,4-ポリイソプレンと命名される．一方，SBR はブタジエン単位とスチレン単位（ここで C_6H_5 はフェニル基）とがランダムにつながったランダム共重合体である（2.2.1 項を参照）．SBR は多くのグレードのものが市販されており，ブタジエン単位の立体配位，付加結合位置，スチレン含量によりその特性は変化するが，乳化重合で合成されたスチレン含量が 23.5% のものはアモルファスゴムの典型で，NR とは異なる特性を示し現在も広く用いられている．

NR と同じ化学構造（cis-1,4-ポリイソプレン）をもつ合成ゴムとして，1960 年代にイソプレンゴム (IR) が工業化され，ユニークにも「合成天然ゴム」と呼ばれている．しかし，NR の cis-1,4 構造がほぼ 100% であるのに対し，IR は 96〜98% に過ぎない．「98 点の答案なら，満点といってもよい」は日常生活では

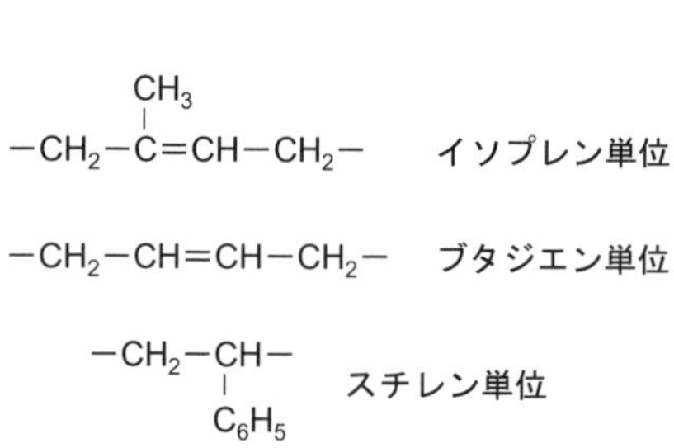

$$-CH_2-\underset{\underset{CH_3}{|}}{C}=CH-CH_2-\quad \text{イソプレン単位}$$

$$-CH_2-CH=CH-CH_2-\quad \text{ブタジエン単位}$$

$$-CH_2-\underset{\underset{C_6H_5}{|}}{CH}-\quad \text{スチレン単位}$$

図 1.2 天然ゴム (NR) とスチレンブタジエンゴム (SBR) の化学構造

正しい感覚だが，3.4.2項に述べるようにこの差はゴムの性質にとって決定的である[20]．

1.3 アモルファス高分子としてのゴム・エラストマー

1.3.1 アモルファス

アモルファス（amorphous，無定形）とは，結晶のようなナノメートル（nm）レベルでの規則構造をもたない構造で，気体と液体（液晶を除く）はアモルファスである[37,38]．ゴムを含む多くの高分子はその炭素-炭素結合の繰り返し数（重合度，分子量）が大きく分子鎖が長いことが特徴で，物理学者ザイマンは「一般的にいうと，巨大分子系は実際には大きな規則結晶を作ることはなく，あらゆる複雑な型のトポロジー的乱れを示し，これらの特徴を解析的に記述するのは著しく困難である」と述べている[39]．極微結晶の集合体やパラクリスタル（欠陥の多い結晶）とアモルファスの差は微妙であるが，構造として無機シリカガラスを念頭に考えられたザッカリアセン（W. H. Zachariasen, 1906-1979）のランダムネットワークモデルが古くから知られている[37~41]．「構造がない」とも表現されるアモルファスについてこのモデルの典型例は，ゴムであろう．たとえば，SBRは，スチレンと1,3-ブタジエンのランダム共重合体でありモノマー単位のランダム配列のために結晶化は困難で，アモルファスの代表である．ゴム分子鎖は運動性が高く，立体規則性の高い化学構造をもつNRでさえ通常はアモルファスである．アモルファスは，結晶体のように粒界（微結晶体の界面）をもたず，巨視的（マクロ）には均質である[38]．また，ゴムはフィラーなど添加物を受け入れるマトリックスとなり，「高分子溶媒」と呼ばれることがある．

NRは，このようにアモルファス材料でありながら，分子レベルの規則正しい立体構造（cis-1,4）によって，伸長による結晶化がみられる．このNRの伸長結晶化（strain-induced crystallization：SIC）は，NRの構造と物性の最大の特徴となっている（3.4.2項参照）．

1.3.2 ガラス転移温度

結晶性物質を加熱すると融点で固体から液体への転移が起こる．アモルファス

では融解はないが，低温での硬い固体が加熱によりある温度以上で軟らかくなる．この温度をガラス転移温度（glass-transition temperature：T_g）と呼び[38]，ゴムの T_g は，付録の表に示されている使用温度（常温）より低温側にある使用限界温度付近にある（2.4.1項参照）．つまり，T_g より高温側でゴムは分子レベルでのミクロブラウン運動によって柔軟性が発揮されて「ゴム」となり，T_g はゴム材料の下限温度になる．冬季に利用されるスノータイヤは雪上でも柔軟でタイヤの機能（5.2.1項参照）を発揮するため，T_g が－50℃以下のゴムを用いて製造される．アモルファス材料にとって T_g は，構造・物性を検討するうえで重要な指標なのである．

1.3.3　ソフトマテリアルの時代と技術

　鉄器時代が最盛期を過ぎつつある21世紀は「ソフトマテリアル時代」の幕開けであろう．ゴム材料は最も早くから利用されてきたソフトマテリアルであるから，21世紀にゴムの科学を学ぶことの意義はいうまでもない．ゴム，ポリマーゲル，コロイド，液晶など，現代の技術的要求はソフト，フレキシブル，伸び縮み自由，軽量デバイスに向かっており，ソフトマテリアルはさらなる広がりをみせている．例えば，産業用や災害救助用ロボットの有用性（人間には困難な役割を受けもつ）はすでによく知られているが，次世代のロボットは人が触れたい，抱きしめ（られ）たいと感じるような「人間的な」ロボットであろう．その実現には人の皮膚，筋肉の柔らかさや赤ん坊のように柔軟な関節など，ソフトマテリアルを用いたデバイスの開発が必須となる．図1.1に従えば，それらを（有用な）材料としてではなく「物質」として扱う場合にはソフトマターと呼ぶことができ，基礎科学の立場からは「ソフトマターの時代」ともいえる．

　また，20世紀はエネルギーの時代（エネルギー保存則の確立は19世紀後半）であったが，ゴム弾性の元となっているのはエントロピーであり，この世紀は「エントロピーの時代」ともいえるだろう．エントロピーはエネルギーの質を決めるものであり[43]，熱力学第2法則はエントロピー増大の原理とも呼ばれ，ものごとがひたすら混沌（chaos，カオス）に向かっていることを意味している．人類がエネルギーを消費するたびにエネルギーの価値は低下し，宇宙のエントロピーは緩やかではあっても増大を続けていく．言い換えれば，私たちは今「エネルギー危

機」のなかにいるのではなく「エントロピー危機」に直面しているのである[6,43]．ゴム科学を学ぶ意義は，ゴム弾性を学んでエントロピーの理解を深める点にもあるのではないだろうか．

材料科学の立場からすると，ゴム・エラストマーの科学は試行を重ねた経験に頼るレベルをまだ十分に越えてはいない．ソフトマター科学やエントロピーの概念に基礎をおき，本書はこの経験的に蓄積された多くの技術的に有用な結果を可能な限り理論的な観点から整理し，近い将来にゴム科学の理論的基礎を確立するための試みである．

その第一歩として，ここで技術とは何かを考えよう．技術は，人間が生きるために自然に働きかけるときに用いた簡単な道具を起源としている．つまり，人は手や足を直接的に（本能的に）使うだけではなく，何らかの道具の使用を学習したのである．逆にいえば，道具を使用することによって，ヒトは他の動物から区別される人としての進化をスタートさせ，長年にわたる道具の進歩がその高度化・複雑化・体系化を経て，現在の高度な技術が形成されてきたのである．この大局的状況が図1.3に示されている[44]．この世界のすべてを包む自然のなかで，人が「技術」をもって生産活動を開始して後，手つかずであった自然の一部は人間活動によってその作用を受け環境を形成した．ここでは「環境」を多少なりとも人間化された自然として表現している（これを狭義の自然と定義することも可能である）．人間を直接的に取り巻いているのは，自然ではなく環境なのである．つまり，人類の発展は，広義の自然が狭義のそれへと転換されていくなかでの，環境の絶えざる拡大であった．特に，産業革命後の技術の発展は人間活動を全地球

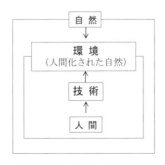

図1.3　技術の位置づけと自然の中の人間と環境

規模にまで広げ，環境問題が人類にとっての緊急課題となってきた[5,6,43~45]．技術こそがヒトを人たらしめたものであり，好むと好まざるとに関わりなく，今後の人類の進化方向と地球環境を規定するものである．人類の持続的発展にとって，技術を対象とする技術学の重要性は増加することはあっても，減少することはない．当然のことながらゴムの科学も，このなかで果たすべき役割をもっている．

技術の起源は，狩猟，採集，あるいは身を守るために石片や棒切れを利用したことで，技術を対象とした技術学は「それらを道具としてどう利用するか」を考えることから始まった．生き残ることに必死であったなか，「必要は発明の母」という言葉の通り，自ずから立ち上がり，姿を成したのである．言い換えると，表1.1における技術学の誕生は科学が成立した結果ではない．逆に，哲学や数学を含めてすべての科学あるいは学問の源泉になったのが技術学なのである．技術と，技術を対象とする科学である技術学のこのような歴史は，現代人が技術を科学の単なる応用・適用と考えることへの，反省を迫るものである．現代に生きる技術学の構築とその新しい発展は，科学がこれからの持続的発展[5,6,20,47,48]にどう貢献できるかの試金石といえるであろう．そのなかでゴムの科学がどのような役割を果たすことができるのかを考えながら，本書を読み進んでほしい．

コラム1　ゴム材料概観（市販品を中心として）

本書の本文中に説明されていないゴム材料であっても，市販され製品として市場にあるゴムも多いので，ここでゴム材料全体を概観しておく．付録の表「ゴム材料の特性」[1]に性能のデータが記載されているので，参照しながら一読いただきたい．実際の使用にあたっては，製造あるいは販売会社が配布するカタログや技術ノートなどに目を通しておくべきことはもちろんである．ただし，架橋（加硫）を必要としないゴムである熱可塑性エラストマー（thermo-plastic elastomer：TPE）は表に含まれていないので，TPEについては3.5.3項と3.5.4項を参照していただきたい．

天然ゴム（NR），合成天然ゴムとも呼ばれるイソプレンゴム（isoprene rubber：IR）はタイヤ用など汎用ゴム（general purpose rubber）として広く用いられている．スチレンブタジエンゴム（SBR）はスチレンとブタジエンのラン

ダム共重合体（random copolymer）で乳化重合法（emulsion polymerization）で合成されてきた合成ゴムの代表である．結晶化傾向は最も低くアモルファス材料の典型とみなせる．1980年後半からは溶液重合法（solution polymerization）により合成されたものが工業化され，末端修飾 SBR などがシリカ充てんタイヤなどに使用されている．ブタジエンゴム（butadiene rubber：BR）も SBR 同様に溶液重合によるものが増加し，高 cis-1,4 体が普通になりつつある．1,2 体の含量が高いグレードはゴムよりはプラスチックに近い．ニトリルブタジエンゴム（NBR）はアクリロニトリルとブタジエンの共重合体で，耐油性ゴムとして典型的な特殊用途ゴム（specific purpose rubber）である．クロロプレンゴム（chloroprene rubber：CR）は最も早くに市販された合成ゴムで，特殊ゴムのなかでは万能タイプといえる．ブチルゴム（IIR）はイソブチレンとイソプレンの共重合体で，低い気体透過性，高い電気絶縁性，耐光・耐オゾン性に特徴がある．以上がジエン系ゴムで，略称の最後がラバーの「R」で表記される．

　エチレンプロピレンゴム（EPM, EPDM）はエチレンとプロピレン（EPDMではさらにジエン化合物の三元）共重合体で，耐熱性，耐候性に優れて CR と同じく万能タイプの物性を有し，汎用と特殊の中間的なゴムといえる．エチレン酢酸ビニル共重合体（EAM），塩素化ポリエチレン（CM），クロロスルホン化ポリエチレン（CSM），アクリルゴム（ACM，アクリル酸エチルの共重合体），などはジエン系ゴムに比べてゴムとしての弾性特性で劣るが，耐熱性・耐油性その他の特徴があって，特殊ゴムとして重要である．これらのゴムは主鎖に不飽和結合（-C=C-）がなくメチレン（methylene）基を含んでいるので略称の最後に「M」がある．

　その他にヒドリンゴム（CO, ECO），ウレタンゴム（U），多硫化ゴム（T）も特殊ゴムとしてそれぞれに貴重な弾性材料である．シリコーンゴム（Q）とフッ素ゴム（FKM）は最もユニークなゴム・エラストマーで，コラム3を参照いただきたい．

［池田裕子］

文献

1) 鞠谷信三 (1995)．ゴム材料科学序論，日本バルカー工業，東京．
2) J. Bronowski (1973). *The Ascent of Man*, Little, Brown & Co., Boston.
3) A. ロバーツ著，野中香方子訳 (2013)．人類20万年遥かなる旅路，文藝春秋，東京．
4) P. ベルウッド著，長田俊樹ら訳 (2008)．農耕起源の人類史，京都大学学術出版会，京都．

5) 鯱谷信三（2013）．天然ゴムの歴史，京都大学学術出版会，京都．
6) S. Kohjiya (2015). *Natural Rubber: From the Odyssey of the Hevea Tree to the Age of Transportation*, Smithers Rapra, Shrewsbury.
7) L. ベック著，中沢護人訳（1984）．鉄の歴史―技術的・文化史的に見た，たたら書房，米子．［原書（ドイツ語）は全5巻で1884～1903年の19年をかけて刊行され，訳書（おそらくこの日本語版が唯一の全訳）は19分冊で18年間かけて出版された．］
8) T. K. Derry et al. (1993). *A Short History of Technology: From the Earliest Times to A. D. 1900*, Dover, New York.
9) F. ダンネマン著，安田徳太郎ら訳（1941）．大自然科学史，三省堂，東京．［原書（ドイツ語）は1920～1921年に出版された古典である．また，1977年に安田徳太郎編訳として『新訳 大自然科学史』が出版された．］
10) S. F. メイスン著，矢島祐利訳（1960）．科学の歴史，岩波書店，東京．
11) J. D. バナール著，鎮目恭夫訳（1966）．歴史における科学，みすず書房，東京．
12) 青山和夫（2005）．古代マヤ石器の都市文明，京都大学学術出版会，京都．
13) G. S. Whitby ed. (1954). *Synthetic Rubber*, John Wiley & Sons, New York.
14) J. P. Kennedy et al. eds. (1968). *Polymer Chemistry of Synthetic Elastomers*, Interscience, New York.
15) 鯱谷信三（2000）．ゴムの事典，奥山通夫ら編，朝倉書店，東京，第1章．
16) 物理学辞典編集委員会編（2005）．物理学辞典，三訂版，培風館，東京．
17) 鯱谷信三（1987）．新学問のススメ3 自然を考える，泉　邦彦ほか編，法律文化社，京都，p. 135.
18) E. Zilsel (1942). *Am. J. Sociol.*, **47**, 544.
19) P.-M. シュル著，粟田賢三訳（1972）．機械と哲学，岩波書店，東京．
20) こうじや信三（2015）．日本ゴム協会誌，**88**, 18 & 93.
21) K. Takahashi et al. (2006). *Cell*, **126**, 663.
22) K. Takahashi et al. (2007). *Cell*, **131**, 861.
23) R. カーソン著，青樹簗一訳（1964）．生と死の妙薬―自然均衡の破壊者化学薬品，新潮社，東京．［原書の美しい挿絵（Drawing by Lois and Louis Darling）とカーソンの手になるList of Principal Sources も採録されている．訳者は農学畑の研究者と思われ，優れた訳者解説が付けられている．ミステリーまがいのタイトルは，「出版社が自由に付したものである」と訳者は記していて，後に「沈黙の春」とタイトルが変更された．文庫版（1974）は『沈黙の春』として出版されている．］
24) 庄司　光ら（1964）．恐るべき公害，岩波書店，東京．
25) 吉田文和（2010）．環境経済学講義，岩波書店，東京．
26) 隠岐さや香（2014）．科学史研究，**53**, 139.
27) 近藤洋逸ら（1959）．科学思想史，青木書店，東京．
28) S. グリーンブラット著，河野純治訳（2012）．一四一七年，その一冊がすべてを変えた，柏書房，東京．
29) H. M. レスター著，大沼正則ら訳（1981）．化学と人間の歴史，朝倉書店，東京．
30) 原　光雄（1973）．化学を築いた人々，中央公論社，東京．
31) J. R. Partington (1989). *A Short History of Chemistry*, Dover, New York.
32) J.-P. Poirier (1996). *Lavoisier: Chemist, Biologist, Economist*, Univ. Pennsylvania Press,

Philadelphia.
33) S. Kohjiya et al. eds. (2014). *Chemistry, Manufacture and Applications of Natural Rubber*, Woodhead/Elsevier, Cambridge.
34) L. R. G. Treloar (1975). *The Physics of Rubber Elasticity*, 3rd ed., Clarendon, Oxford.
35) C. C. Webster et al. eds. (1989). *Rubber*, Longman, New York.
36) A. L. Tullo (2015). *Chem. & Eng. News*, April 20, 18.
37) 作花済夫（1983）．アモルファス，共立出版，東京．
38) S. R. Elliott (1990). *Physics of Amorphous Materials*, 2nd ed., Longman, Harlow.
39) J. M. ザイマン著，米沢富美子ら訳（1982）．乱れの物理学，丸善，東京．
40) W. H. Zachariasen (1932). *J. Am. Chem. Soc.*, **54**, 3841. ［不思議なことにというべきか，ザッカリアセンは一貫してX線による結晶構造の解析に打ち込んだ科学者であり（文献[42]），この論文は彼のガラスに関する唯一のものである．］
41) A. R. Cooper (1982). *J. Non-Crystal. Solids*, **49**, 1.
42) W. H. Zachariasen (1945). *The Theory of X-Ray Diffraction in Crystals*, John Wiley & Sons, New York.
43) P. W. アトキンス著，米沢富美子ら訳（1992）．エントロピーと秩序：熱力学第二法則への招待，日経サイエンス社，東京．
44) 糊谷信三（2000）．ゴムの事典，奥山通夫ら編，朝倉書店，東京，第2章4節．
45) B. L. Turner et al. eds. (1990). *The Earth as Transformed by Human Action: Global and Regional Changes in the Biosphere over the Past 300 years*, Cambridge Univ. Press, Cambridge.
46) D. アーノルド著，飯島昇蔵ら訳（1999）．環境と人間の歴史：自然，文化，ヨーロッパの世界的拡張，新評論，東京．
47) T. Jouenne (2009). *Sustainable Solutions for Modern Economics*, R. Höfer ed., RSC Publishing, Cambridge, Ch. 4 (Sustainable Logistics as a Part of Modern Economies).
48) D. Reyes ed. (2015). *Sustainable Development: Processes, Challenges and Prospects*, Nova Science, New York.

〈コラム〉
1) 日本規格協会編（1983）．非金属材料データブック，日本規格協会，東京，p. 262-265.

2 ゴムの基礎科学

2.1 天然ゴムの植物学と生化学

2.1.1 サスティナブル材料としての天然ゴム

すべての生物は，細胞維持に必須な物質として，イソプレン単位（C_5H_8）が直鎖状に1,4-重合したポリイソプレノイド（polyisoprenoid）を生合成している．ポリイソプレノイドは，イソプレン単位中の二重結合の立体配向をもとに cis 型と trans 型の2種に分けられる（図2.1）．生物界で普遍的なポリイソプレノイドの重合度は25程度までであるが，一部の植物や微生物は重合度の極めて高い（数百〜数千）cis 型ポリイソプレノイドを合成し，これが天然ゴム（NR）と呼ばれる．ポリイソプレノイドのなかで，ゴム弾性体としての性質を示すのは重合度の高い cis 型ポリマーのみで，trans 型ポリマーは樹脂（ガッタパーチャ（グッタペルカ）など）となる．

NR を産生する植物は8科，2500種以上存在するとされ[1〜3]，なかでも重合度や単位面積あたりの生産量など（表2.1）から，工業利用される NR のほとんどは，パラゴムノキ（Para rubber tree, *Hevea brasiliensis*）から採取されるラテッ

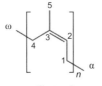

cis -1,4-ポリイソプレン   trans -1,4-ポリイソプレン

図2.1 基本構造の異なる2種類の天然ポリイソプレン

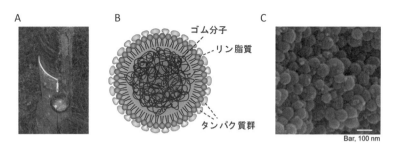

図 2.2 パラゴムノキ由来ラテックスに含まれるゴム粒子
(A) パラゴムノキ，(B) ゴム粒子の模式図，(C) ゴム粒子の走査型電子顕微鏡像

クス(latex)より生産されている(そのうちの約70%はタイヤ生産に利用される). ラテックスは乳管 (laticifer) と呼ばれる特殊化した細胞の細胞質であり，ラテックス＝NRではない[4]. ラテックス中のNRはリン脂質一重膜で覆われたゴム粒子 (rubber particle) と呼ばれる直径 $0.01 \sim 10\ \mu m$ の粒子として存在している (図2.2). ラテックスはゴム粒子以外にも細胞質ゾル，液胞や小胞体に由来する小胞群，色素体など各種細胞内小器官を含んでいる[5]. パラゴムノキの樹皮の内側にはネットワーク状の連合乳管が形成され，タッピングにより乳管内部のラテックスが流出する. 1回のタッピングで，NR成分を 30～50%（w/v）含むラテックスが数百 ml 得られ，採取の簡便さの点でパラゴムノキは優れ，タッピングは繰り返し行うことが可能で生産の持続性も高い.

NRの炭素は，光合成で固定された大気中の CO_2 に由来し，NRが分解・酸化し大気中に CO_2 が放出されても大気中の CO_2 総量は変化しないことになる. すなわちNRはカーボン・ニュートラル材料である. 大気中の CO_2 濃度上昇は温室効果による地球温暖化の要因で，産業活動による CO_2 排出を最小限に抑えることが地球規模の課題となっている. さらに化石燃料の埋蔵量は有限であり，石油化学材料を代替するカーボン・ニュートラル材料の開発と利用は，地球温暖化とエネルギー問題の解決に貢献できる. その場合にも，バイオマスを利用すれば必ずカーボン・ニュートラルが達成されるわけではなく，目的化合物を植物から回収し，産業的に利用できる状態にするために必要な化石燃料の消費も考慮し物質収支をとる必要がある. 総合すれば，パラゴムノキのNRは現状で最もカーボン・ニュートラルに近いサスティナブル材料の1つであるといえる.

パラゴムノキは南米のアマゾン川流域を原産とするトウダイグサ科の樹木で，現在，品種改良を経たパラゴムノキが東南アジア，南アジアで栽培されNRが生産されている．そのすべては，19世紀にウィッカム（H. Wickham）によってアマゾンからイギリスに持ち出された通称ウィッカム樹を祖先としている（パラゴムノキ栽培の歴史は成書[6,7]を参照）．ゴム園では，生殖（種子）によって後世代を得る増殖方式ではなく，優良品種を接ぎ木，挿し木，挿し芽で増殖させたクローン苗を大規模栽培する方式をとっている．この方式は，特性の揃った優良品種を栽培することで高い生産性の維持を可能とする一方，遺伝的多様性（genetic diversity）に乏しい個体の集団を形成し，環境変化，病原菌感染，昆虫による食害などに対する脆弱さが問題である．植物が微生物種に対して応答機構をもっているかどうかは，主に遺伝子レベルで決定されているので，祖先が共通でほとんど同一の遺伝子を有する個体が密集栽培されたモノカルチャーでは，1個体の感染が大規模感染に拡大する確率が高くなる．パラゴムノキに対する感染症として，菌類（カビ）による異常落葉，芽枯れ症，ピンク病，うどん粉病などが知られているが，最大の脅威は子のう菌類 *Microcyclus ulei* の感染による南米葉枯病（South American leaf blight：SALB）である[6〜8]．SALBは現在のところ南米地域に限定されている．しかし，防疫をくぐり抜けてアジアに原因菌が侵入した場合，世界のNR供給の80％以上を担うゴム園での大規模な被害が想定されるので，耐性遺伝子の探索研究などが進められている．

　パラゴムノキからのNRのもう1つの問題点として，ラテックスアレルギーがあげられる．これは，ラテックス中のタンパク質が原因となるアレルギー反応で，アナフィラキシーショックなどの重篤な症状の原因となる．パラゴムノキ由来NRのうち，約10％はコンドームや医療用手袋などの肌に直接触れる製品やカテーテルなどの医療用品の製造に用いられており，この問題は深刻である．世界保健機構（World Health Organization：WHO）と国際免疫学連合（International Union of Immunological Societies：IUIS）によって，15種類のパラゴムノキのラテックスアレルゲンタンパク質（2015年現在）が登録されている．これらのタンパク質のラテックス内における生理学的役割は未解明であるが，そのほとんどが生体防御やNRに関連したタンパク質であると推測される[9,10]．そのため，アレルゲンタンパク質の含量が低いパラゴムノキの育種や，遺伝子組換え技術を利

用した低アレルゲン型パラゴムノキの開発（4.4節参照）にあたっては，NRの高生産性や高環境ストレス耐性などとの両立が1つの課題となっている．一方，タンパク質分解酵素や界面活性剤処理によるNR中のタンパク質分解除去の技術開発も当面重要である．

さらに，これらの困難を避ける点から，パラゴムノキ以外の植物によるNR生産も注目されている．多様な天然ゴム産生植物のなかでも期待されている種を表2.1に示す．キク科のワユーレ（グアユール Guayule, *Parthenium argentatum*）はメキシコ北部やアメリカ南東部に自生する灌木で，歴史的には，パラゴムノキ以外で商業的ゴム生産に成功した唯一の植物である．NRは乳管細胞内ではなく幹や根内部の柔細胞に蓄積されるので[11,12]，NRを含む組織を粉砕後，絞り出した成分を遠心分離することで，比重の軽いゴム粒子を含む層を分離・回収する．また，有機溶媒によってゴム成分を抽出・精製する方法も開発されている．ワユー

表2.1　天然ゴム産生植物[2,3]

植物名（分類/学名）	ゴム含有量（%）	平均分子質量（kDa）	生産量（t/年）	収穫量（kg/ha/年）
パラゴムノキ（トウダイグサ科/*Hevea brasiliensis*）	30〜50（ラテックス中），2（植物乾燥重量あたり）	1310	9,000,000（2005）	500〜3000
ワユーレ（グアユール）（キク科/*Parthenium argentatum*）	3〜12	1280	10,000（1910）	300〜2000
ロシアタンポポ（キク科/*Taraxacum koksaghyz*）	0〜15	2180	3,000（1943）	150〜500
ユーフォルビア（トウダイグサ科/*Euphorbia characias*）	14.3（ラテックス中）	93	—	—
Rubber rabbitbrush（キク科/*Ericameria nauseosa*）	0〜7	585	—	—
アキノキリンソウ（キク科/*Solidago virgaurea* ssp. *minuta*）	5〜12（根乾燥重量あたり）	160〜240	—	110〜155
ヒマワリ（キク科/*Helianthus* sp.）	0.1〜1	279	—	—
イチジク（クワ科/*Ficus carica*）	4（ラテックス中），0.3（樹皮中）	190	—	—
ベンガルボダイジュ（クワ科/*Ficus bengalensis*）	17（ラテックス中）	1500	—	—
インドゴムノキ（クワ科/*Ficus elastica*）	18（ラテックス中）	1〜10	—	—
トゲチシャ（キク科/*Lactuca serriola*）	1.6〜2.2（ラテックス中）	1380	—	—

—：研究段階またはデータなし．

レ NR の分子サイズはパラゴムノキのものに近く,単位面積あたりの収量も多い.また,パラゴムノキ由来 NR に含まれるアレルゲンタンパク質は含まれておらず,ラテックス感受性の利用者に対する有効な代替材料となり得る.一方で,栽培した木全体を伐採するので NR 生産サイクルとしては必ずしも効率的ではなく,持続的な生産方法の開発が行われている.

もう1つの代替ゴム生産植物として,ロシアタンポポ(*Taraxacum koksaghyz*)がある.カザフスタンに自生する種で,輸入に頼らない NR として 20 世紀前半にソビエト連邦(当時)で探索・研究された.ゴム粒子は特に根に発達する乳管細胞に含まれていて,ワユーレと同様に根組織を破砕し抽出・精製して NR を回収する.分子サイズがパラゴムノキ由来 NR と比較して大きく,優れた物性の NR と期待されるが,単位面積あたりの収量の低さの改善が必要である.一方で,ワユーレと比較して,NR が産生され始めるまでの生育期間が短い(〜6か月)というメリットがある.また,ワユーレよりも低温耐性が高いので,ヨーロッパやアメリカ北部などワユーレ栽培が難しい地域における NR 生産を担う可能性がある.ただし,ロシアタンポポの NR はパラゴムノキの NR と同程度のタンパク質を含み,潜在的なアレルゲンを有する点はさらに研究が求められる.

このほかにも,レタス,アキノキリンソウ,ユーフォルビア[13]など比較的天然ゴム蓄積量の多い植物が知られており,栽培地の気候条件に合致した植物による NR 生産研究が進められている.さらに,遺伝子組換え技術を含むバイオテクノロジーによる NR 増産も将来の重要課題である(4.4節参照).

2.1.2 天然ゴムの生合成反応

NR 利用の長い歴史にもかかわらず,優れた物性のもととなる高次構造の詳細は未解明で,NR 生合成機構も完全解明には至っていない.それは NR に匹敵する合成ゴムが現れない理由の1つでもある.NR の基本炭素骨格が *cis*-1,4-ポリイソプレンであることは 1950 年代には解明され,イソプレノイド生合成と関連していることは予想されていた.イソプレノイドは最も構造多様性に富む一群の天然有機化合物であり,ルジチカ(L. Ruzicka,1939 年ノーベル化学賞)の提唱したイソプレン則によれば,活性イソプレン単位である炭素数5のイソペンテニル二リン酸(isopentenyl pyrophosphate:IPP)(図 2.3)に由来するすべての生

物学的化合物がイソプレノイドである．その多くは，IPP の 1,4-重合による直鎖状ポリ（オリゴ）プレニル二リン酸をもとに生合成されるが，重合度の異なる直鎖状プレニル二リン酸を前駆体として多様な炭素数のイソプレノイド化合物が生合成されることが構造多様性の一因となっている．イソプレノイドには，一次代謝産物（すべての生物が共通して有し，細胞機能維持に不可欠）が含まれる．長鎖プレニル側鎖をもつキノン類は生体内の電子伝達系に関与し，細菌の細胞壁生合成ではウンデカプレノールが，真核生物の糖タンパク質生合成ではドリコールがそれぞれ糖担体脂質として不可欠なはたらきをしている．クロロフィルやカロテノイドは，植物などにおける光合成に必須な分子である．また，生理機能を調節するホルモン分子として，動物ではステロイド，植物ではジベレリンなど多くがイソプレノイドに分類される．一次代謝産物に対し，ある特定の生物種で限定的に生合成される天然化合物は二次代謝産物と総称され，植物界でNRをはじめとして二次代謝産物に分類されるイソプレノイドが非常に多い．自律移動の自由をもたない植物は，環境に適応するため多種多様な二次代謝産物としてのイソプレノイド生合成経路を獲得してきたことが，NR の驚くべき構造と優れた物性を生み出す土壌になったと考えられる．

　イソプレノイドの生合成は，3つのステージに大別できる．①活性イソプレン単位である IPP の生合成，②IPP の重合による直鎖状イソプレノイドの生合成，③直鎖状イソプレノイドの転移，環化，修飾などを経た個別のイソプレノイド化合物の生合成である．NR の高次構造にはいまだ未解明な点が多くステージ③の議論が難しいので，ここでは①と②について概説する．

(1) IPP 生合成経路

　IPP はすべての生物に必須で，2つの生合成経路が存在する．すなわち，アセチル CoA を初発物質としてメバロン酸（mavalonic acid：MVA）合成を経由する MVA 経路と，ピルビン酸とグリセルアルデヒド 3-リン酸を初発物質として 2-C-メチル-D-エリトリトール 4-リン酸（2-C-methyl-D-erythritol 4-phosphate：MEP）合成を経由する MEP 経路である．生物種により保有する経路が異なり，真性細菌は MEP 経路によって，真核生物は MVA 経路によって IPP を生合成する[14]．真核生物のなかでも，高等植物は細胞質ゾルで機能する MVA 経路に加え，色素体（葉緑体）内に MEP 経路を有する．MVA 経路で生

合成された IPP はステロール,ユビキノン,ドリコールなどの生合成に供され,MEP 経路で生合成された IPP は色素体内におけるクロロフィル,カロテノイド,トコフェロールなどの生合成に供される.細胞質と色素体の間で IPP の相互輸送が行われていることも報告されているが,その詳細な機構は未解明である.MEP 経路の最終段階では,IPP に加えその異性体であるジメチルアリル二リン酸(dimethylallyl pyrophosphate:DMAPP)も生成される.一方,MVA 経路では IPP が生成された後に,IPP イソメラーゼ(IDI)によって DMAPP が生成する.この DMAPP は,ステージ②における IPP の重合反応において必須なプライマー基質となる.パラゴムノキの NR 生合成に利用される IPP の由来を解明するために放射性同位体で標識された各経路の代謝前駆体の取り込み実験が行われ,MVA 経路由来の IPP は天然ゴム分子に取り込まれていることが示された[15,16]が,MEP 経路由来の IPP の取り込みに関する明確な根拠はまだ示されていない.ラテックス(乳管細胞)内には,Frey-Wyssling particle と呼ばれるカロテノイドを多く含む色素体が存在[17]し,実際にラテックスからは MVA 経路だけでなく MEP 経路の酵素遺伝子群もクローニングされている[16,18]ため,MEP 経路は確かに乳管細胞でも機能しているが,その NR 生合成への寄与については今後の解明が必要であろう.NR が主に MVA 経路の IPP より生合成されるなら,細胞内における NR 生合成の場は色素体内ではなく細胞質ゾルであると予想される.

(2) 直鎖状イソプレノイド生合成経路

IPP の重合反応はプレニルトランスフェラーゼ(prenyltransferase)と総称される酵素によって触媒される(本書ではこの名称は IPP 重合酵素を示すこととする).この酵素は,アリル性二リン酸に対し IPP を 1,4-付加するため,最初の重合反応では,DMAPP をプライマー基質とする(図 2.3).重合反応において,IPP が 1 分子重合するごとに二重結合が 1 つ形成されるが(図 2.4A),その二重結合の立体配置が trans (E) 型か,cis (Z) 型かによって,プレニルトランスフェラーゼは 2 種類,trans 型プレニルトランスフェラーゼ(tPT)と cis 型プレニルトランスフェラーゼ(cPT)に大別される(図 2.4B).1987 年にラットから最初の tPT 遺伝子がクローニング[19]されてから,10 年以上も cPT 遺伝子は同定されず謎のままであった.trans 型反応と cis 型反応は非常によく似ているため,当

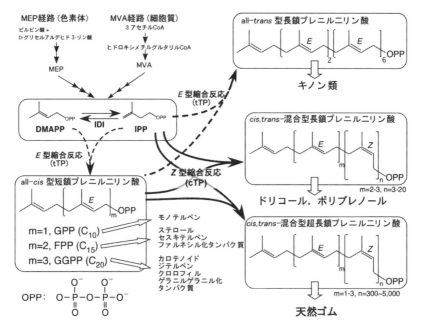

図2.3 ポリイソプレノイドおよびNR生合成経路

初はtPTと同じファミリーに属する類縁酵素が cis 型反応を触媒する可能性も想定されていた．この状況下で，1989年にDennisら[20]は，パラゴムノキのラテックス中に多く含まれる14.6 kDa のタンパク質（アレルゲンタンパク質の Hev b1 に相当）が tPT に作用することで cPT に機能転換されるというモデルを提唱し，このタンパク質を rubber elongation factor（REF）と名づけた．しかし，このモデルは1993年にCornishの研究[21]によって否定されている．このREF はその機能が確定されないままに名称が定着してしまい，混乱を招く原因となっている．1998年に初めて cPT の遺伝子が微生物よりクローニングされ[22]，その後，酵素タンパク質の結晶構造が解明された[23]結果，アミノ酸配列のみならず3次元構造も tTP とはまったく異なるタンパク質ファミリーであることが明らかになった．これは，IPPの cis- あるいは trans-1,4-重合というほぼ同様の酵素反応が，生物の進化の過程でそれぞれ独立に獲得されてきたことを意味する．

cis-1,4-ポリイソプレンを基本構造とするNRの生合成は cPT の一種によって触媒されるという考えは受け入れやすい．それは，cPT の基質認識機構と，NR

のより詳細な炭素骨格構造との対応によってさらに支持される．セイタカアワダチソウやヒマワリ由来の比較的重合度が低い NR をモデルとした詳細な NMR 解析によって，NR は単純な cis-1, 4-ポリイソプレンではなく，ω 末端に 2〜3 個の trans イソプレン単位が含まれる[24,25]ことが示された（図 2.3）．このような構造のポリイソプレノイドは，重合度に違いはあれ，すべての生物が普遍的に有する．原核生物の細胞壁生合成，あるいは真核生物の糖タンパク質生合成においては，種々の糖鎖が細胞内で生合成されるが，それらは細胞膜あるいは小胞体膜に含まれる脂質を足場として形成される．その糖担体脂質が，ω 末端に 1〜3 個の trans イソプレン単位をもつ cis 型ポリイソプレノイドであるポリプレノールやドリコールである（図 2.3）．この構造的特徴は，それらの骨格生合成を触媒す

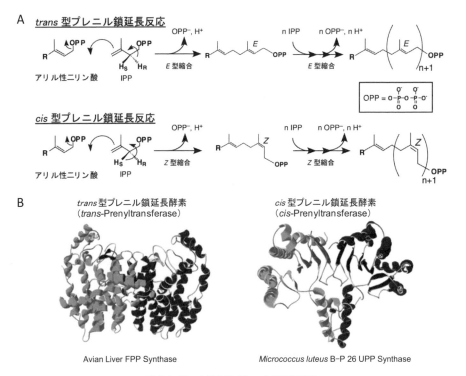

図 2.4 2 つの異なるプレニル鎖延長反応
(A) E 型および Z 型プレニル鎖延長反応，(B) E 型および Z 型プレニルトランスフェラーゼタンパク質の結晶構造

る cPT が，DMAPP をプライマー基質として利用することができず，all-trans の短鎖プレニル二リン酸に対し IPP を重合するという酵素の基質特異性で説明される．換言すれば，自然界に trans をまったく含まない all-cis のポリイソプレノイドや NR は存在しない．つまり，ポリイソプレノイドの炭素骨格は 2 種類の酵素反応により生合成される（図 2.3, 図 2.4）. tTP によって DMAPP に IPP が縮合することでゲラニル二リン酸（GPP, C_{10}），ファルネシル二リン酸（FPP, C_{15}），ゲラニルゲラニル二リン酸（GGPP, C_{20}）などの all-trans 短鎖プレニル二リン酸が生合成され，次に，それらをプライマー基質とした cPT 反応が進行する．

　1960 年代に Archer らは，^{14}C 標識 IPP の反応生成物への取り込みを指標とした in vitro（試験管内）の酵素活性測定法を用いて，ゴム粒子表面に NR 生合成酵素（rubber transferase，酵素番号 EC.2.5.1.20）の活性を見出し酵素タンパク質の精製を試みたが，アミノ酸配列の同定には至らなかった[26,27]．微生物の cPT 遺伝子の発見以降は，ラテックス内で発現している cPT が NR 生合成酵素であるという作業仮説のもと，配列相同性を基にした cPT 相同遺伝子のクローニングと機能解析が進められた．まず，パラゴムノキのラテックスより 2 種類の cPT 相同遺伝子（*HRT1, HRT2*）が単離された[28]．この 2 つの遺伝子は，パラゴムノキの各組織のなかでもラテックス（乳管細胞）で特に強く発現しているため，これらの cPT は全細胞で必須となるドリコール（図 2.4）生合成のための酵素ではなく，NR 生合成酵素であると予想された．これらのタンパク質を大腸菌内で大量発現させ精製することで得られた組換え型酵素は，単独では有意な IPP 重合活性を示さなかったが，新鮮なラテックスを超遠心分離することで得られる沈殿画分（bottom fraction：BF；小胞体や液胞などに由来する膜成分が多く含まれる）[29] を HRT2 とともに反応させることで HRT2 に由来する IPP 取り込み活性は飛躍的に増大し，また，その際の反応生成物の分子サイズは，パラゴムノキ由来 NR と同等の分子量分布を示した．一方，HRT1 および HRT2 を真核生物である出芽酵母（*Saccharomyces cerevisiae*），あるいは非ゴム生産植物であるシロイヌナズナ（*Arabidopsis thaliana*）で異種発現させ，その形質転換細胞の細胞抽出液（粗タンパク質）を用いて各酵素の活性を解析したところ，いずれの酵素もラテックス成分の添加なしで IPP 重合活性を示した[30]．しかし，その反応生成物は NR のサイズではなく，宿主生物が有するドリコールと同様の C_{100} 程度

のものとなった．

　これらの実験結果は，HRT1 や HRT2 が cPT としての活性を発現するためには真核生物に含まれる因子が必要であること，さらに，NR 生合成酵素として機能するためにはラテックスに特有な因子が必要であることを示している．これまでに，同様のアプローチで他のゴム生産植物（ロシアタンポポ，レタス，ユーフォルビアなど）から cPT 相同遺伝子がクローニングされ，機能解析が行われている[31〜33]が，NR 生合成酵素活性の実証には成功していない．しかし，ロシアタンポポの cPT 遺伝子の発現を抑制した形質転換植物では，有意にラテックス中のNR が減少することが示された[34]ことから，間接的にではあるが cPT が NR 生合成の鍵酵素であることが in planta（植物内）でも証明された．真核生物において，ドリコール（〜C_{120}）の基本骨格生合成に寄与する cPT は一般に小胞体の脂質二重膜上で機能する．一方，ゴム分子を疎水性の核とした脂質一重膜構造であるゴム粒子は，小胞体の脂質二重膜間に蓄積したゴム分子を内包するように出芽することで形成されると考えられている[35]．したがって，乳管細胞内の小胞体膜上に結合した cPT が，何らかの調節タンパク質などの寄与で活性化され，さらに，NR に相当する超長鎖のポリイソプレノイドを生合成できるような環境が整うことで NR 生合成が進行するようなモデルが予想される．

2.2　化学：重合，高分子反応とその場反応

2.2.1　重合反応：合成ゴム

(1)　重合反応の種類

　重合（polymerization）反応は，モノマーから高分子量のポリマーを合成する化学反応で，フリーラジカルやカチオン，アニオンなどの反応性中間体による付加（addition）型の連鎖反応（chain reaction）に対する名称であるが，ジアルコール，ジカルボン酸，ジアミン化合物などによる縮合（condensation）型の高分子合成も重合と呼ばれる．ほかに，縮合型かつ連鎖的な，ウレタンエラストマーの合成に用いられる重付加（polyaddition）反応がある．ウレタン合成のプレポリマーとなるポリエーテルは開環重合（ring-opening polymerization）により合成されている．重合は典型的な複合反応（complex reaction）で，開始（initiation），

成長（propagation），連鎖移動（chain transfer），停止（termination）の素反応（elementary reaction）からなっている．本節では，特にゴムに関係の重合反応を簡単に述べる．

(2) ラジカル重合

炭素ラジカル（–C・）が反応性中間体となる重合反応である．ゴムの分野では，乳化重合（emulsion polymerization）法による合成ゴムの工業的製造，ラジカル開始剤によるゴムの架橋（2.3.3項参照），酸素，オゾンによる劣化などがラジカル反応にあたる．酸化防止剤やオゾン劣化防止剤の開発などにはラジカル反応の理解が必須であり，ゴム分野では重要な反応といえる．合成ゴムの工業的生産は，第一次世界大戦中のドイツにおけるジメチルブタジエンの熱重合によるメチルゴムを除いて，1930年代のドイツにおける乳化重合法によるスチレンブタジエンゴム（SBR），米国のクロロプレンゴム（CR）製造に始まる．ラジカル重合は発熱反応で，反応熱のコントロールが最も容易な点から水媒体を用いる乳化重合が用いられた．分散させたミセル内にスチレンとブタジエンが溶け込み（乳化），水中で開始剤の一分子分解反応により生成したフリーラジカルがミセルに入り，両モノマーの共重合によりSBRが合成される．開始剤系として高温用に続いて低温乳化重合用も開発され，SBRは現在も最も大量に生産されている合成ゴムである．ほかに，ブタジエンゴム（BR）の一部，アクリロニトリルとブタジエンの共重合体で耐油性ゴムのNBRなども乳化重合法で，またEAM, ACMなどもラジカル重合で合成されている（これら略称で示したゴムについては，コラム1と付録の市販ゴム材料一覧を参照いただきたい）．

(3) カチオン重合，リビングアニオン重合，配位アニオン重合

反応の活性中間体が炭素カチオン（–C$^+$），炭素アニオン（–C$^-$）である連鎖重合が，それぞれカチオン重合（cationic polymerization）とアニオン重合（anionic polymerization）である．イオン重合では，電気的中性の原理から対イオン（counter ion）が存在し，活性中間体はカチオン重合では–C$^+$A$^-$，アニオン重合では–C$^-$B$^+$のようなイオン対（ion pair）の形で存在する．条件によってイオン対が解離してフリーイオンと対イオンが平衡状態で存在し，さらに三重イオン（triple ion）が共存する可能性もある．イオン対よりもフリーイオンの方がはるかに高反応性である．イオン重合では活性中間体の存在形態は溶媒の極性に支配

され，また多くのゴムは高極性溶媒への溶解度が低いので，イオン重合によるゴムの合成では溶媒の選択が重要である．

ブチルゴム（IIR）はイソブチレンとイソプレンの低温でのカチオン共重合により製造されている．一般に C^+ は C^- に比べて熱力学的に不安定，つまり高反応性であることから，移動反応などの副反応を抑えて相対的に成長反応が有利になる低温重合により高分子量ポリマーが得られる．合成ゴム開発の初期に，ロシアやドイツで研究された金属ナトリウムによるブタジエンの重合がアニオン重合の実例である．ドイツではブナ（Butadien/Natrium：Buna）が合成ゴムの一般名となり，後に乳化重合により製造された SBR も Buna-S と呼ばれていた．1950年代後半にブチルリチウム（butyl Li）触媒などによるリビングアニオン重合の技術が確立し，スチレンなどとともにブタジエンやイソプレンのリビング重合が可能となった．これはさきに述べたように，炭素アニオンが相対的に安定で停止反応が無視できる場合があり，イオン性の不純物を十分に除去して実現された．ブチルリチウムによるイソプレンの重合では cis-1,4含量が90%を越えるポリイソプレンが合成され，当時，NR に最も近い合成ゴムとしてイソプレンゴム（IR）が市場に現れた．「合成天然ゴム」という謎めいた名称が今も残っている．1980年代後半から1990年代にかけて，溶液アニオン重合法による BR, SBR が多数市場に現れ，乗用車用タイヤを含めた多くのゴム製品に利用された．それぞれ，s-BR, s-SBR と表記される．なお，乳化重合による合成ゴムは，溶液重合によるものと区別するため，現在では e-BR, e-SBR と表記されることがある．s-BR と s-SBR は e-BR や e-SBR に比べてミクロ構造が多様なので，ゴムとプラスチックの中間的性質をカバーすることが可能であり，ゴム分子末端への官能基の導入によるフィラーとの相互作用の制御（2.2.2, 5.4.2項参照）も可能である．そのため，現在でも s-BR と s-SBR の生産は増加傾向が続いている．

リビングアニオン重合が最も注目されたのは SBS, SIS などの ABA 型トリブロックコポリマーの出現による．ここで A ブロックはポリスチレン（S），B ブロックは SBS ではポリブタジエン（B），SIS ではポリイソプレン（I）である．これらは架橋なしで使えるゴムとして，熱可塑性エラストマー（TPE）の誕生をポリマーの世界に告げる鐘の音となった（3.5.3項参照）．TPE は「ゴムは加硫して初めてゴムになる」というパラダイム（4.3.2項参照）を転換させ（3.5.2, 3.5.3

項参照），高分子化学におけるミクロ相分離構造のモルフォロジー研究に大きな刺激を与え，ナノテクノロジーの一翼を担う分野となっている[36]．

　ドイツの有機金属化学者チーグラー（K. Ziegler, 1898-1973）は自ら開発したチーグラー触媒によるエチレンの重合により，高圧を用いることなく高分子量のポリエチレン（PE）の合成に成功し，さらにプロピレンの高重合にも成功して，1963年にノーベル化学賞を受けた．チーグラー触媒は溶媒に不溶性の不均一触媒で，ポリプロピレン（PP）の構造解析を行ったイタリアのナッタ（G. Natta, 1903-1979）はPPが高い立体規則性（stereo-regularity）を有することを見出した．さらに，PPの立体規則性にはシンジオタクティク（syndiotactic）とイソタクティク（isotactic）の2種の立体配置があることを明らかにして，ノーベル賞の共同受賞者となっている．この規則性は，不均一触媒におけるアニオン活性中心でのプロピレンモノマーの配位によっていることから，チーグラー触媒に始まる有機金属化合物を用いた重合は，配位アニオン重合（coordinated anionic polymerization）として特に立体規則性ポリマーの合成に重要な役割を果たすことになった．この触媒でエチレンとプロピレンの共重合が可能となり，ゴムとしてEPMが，さらに架橋成分としてジエン化合物を加えた三元共重合によってEPDMが工業化され，これらはオレフィン系ゴムの先駆けとなった．ジエン系ゴムに比べて二重結合が少なく，過酸化物架橋や即効性の有機加硫促進剤を用いた加硫が行われている（2.3節参照）．酸素やオゾンによる劣化に耐性が大きく（付録の表を参照），今や準汎用ゴムの位置を占めている．また，イソプレンの立体規則性重合により cis-1,4が98%に達するIRが製造され市販されている．リチウム触媒によるIRより立体規則性が高く，NRに一歩近づいた合成ゴムである．

（4）　新しい重合反応の可能性

　重合における触媒化学の発展は，ゴム化学の分野にも大きく影響してきた．1980年のカミンスキー（Kaminsky）触媒に始まるメタロセン触媒の出現は，分子量分布やタクティシティーが規制されたオレフィン系ゴムの合成を可能とした[37]．また，ガドリニウムメタロセン錯体触媒からは，cis型99%以上のブタジエンゴムが合成され，高性能タイヤ用として可能性がある[38]．2分子のオレフィンから二重結合の切断と生成を経て新しい2分子のオレフィンが生成する反応（メタセシス）を利用したメタセシス重合[39]では，非環状ジエンからもポリマー

が合成可能で,新規合成ゴムの開発に有用であろう.また,原子移動重合などのラジカルリビング重合[40]が発展し,合成ゴム工業にも新しい風が吹き込んでいる.しかし,天然ゴムの完全化学合成はいまだ未達成で,天然ゴムの主鎖構造の特徴は酵素の触媒に基づくので,生化学反応のゴムへの展開も今後の課題である.

2.2.2 高分子反応：ゴムの化学修飾

ポリマーを基質とした化学反応が高分子反応（polymer reaction）[41,42]であり,この定義ではゴムの架橋も高分子反応の一種であるが,架橋反応は2.3節で説明する.高分子反応の目的は,重合法では合成不可能なゴムの合成である.例えば,ニトリルゴム（NBR）の水素化（hydrogenation）により水素化NBR（HNBR）が合成される.水素化率は100%には達しないので,HNBRは化学構造の点からエチレン,ブタジエン,アクリロニトリルの三元共重合体の一種であり,EPDMと同様の優れた耐久性に加えて,NBRの耐油性を兼ね備えたゴムとなる.PEは化学構造が単純で,屈曲性に富む分子鎖でありガラス転移温度が低いことから,潜在的にEPやEPDMより優秀なゴムとなる可能性を持つ.しかし,PEは非常に結晶化しやすいポリマーであり（3.4.1項参照）,そのままではゴムに適さない.したがって,PEはプロピレンとの共重合により結晶化が抑制されて,EPMとEPDMが現れた.また,PEを基質として塩素化やクロロスルフォン化すれば側鎖に置換基がランダムに導入されて結晶化が抑えられ,CMとCSMなど耐候性にすぐれた特殊ゴムとなる（付録の表を参照）.なお,2.2.1項(3)に述べたs-BR,s-SBRのリビングアニオン末端への官能基の導入も,エコタイヤ製造への技術としてカーボンブラックやシリカとの化学結合を目的に行われており,高分子反応の1つである.

汎用ゴムとして長い歴史をもつNRの化学反応は,古くから研究され数多くの論文が公表されているが[41~43],工業化された数は少ない.NRの水素化ではエチレンとプロピレンの交互共重合体（alternating copolymer）が合成されるが[42],実用化には至っていない.その他の例として,NRへのメチルメタクリレート（MMA）のグラフト重合によるNR-g-PMMAの合成も多数の研究があり,一時期工業化もされたが,中断している.ここで,gはNR鎖にPMMAがグラフト結合していることを意味する.そして,NR中の二重結合のエポキシ化も行われ

ている[43]．エポキシ化NR（ENR）はエポキシ化率が25%および50%の2種が工業生産されたが，現在は50%のENRのみが入手可能とのことである．NRの高分子反応による化学修飾は，反応率の制御に留まらず，反応位置とその連鎖分布がミクロなレベルで制御されて機能発現へ展開が大きな課題である．

そのほか，チーグラー触媒やメタロセン触媒によるオレフィンの重合完結前に，他種オレフィンをリアクターに仕込んでポリマーアロイを製造する手法は，reactor polymer alloy あるいは nascent alloy と呼ばれて工業化された．化学的な結合によって相溶性が高まった可能性があれば，高分子反応の一種と考えることもできる．これらの手法をも踏まえて，"post polymerization modification"を主題とした総説[44]もあるので参照されたい．

2.2.3　ゴムにおけるその場（*in situ*）反応

(1)　その場反応

「その場（化学）反応」は比較的新しい概念であるが，ゴム工業にとっては「当たり前の」化学反応形態である．2.3節に述べるようにグッドイヤーは加硫の発明者ではあったが，彼は加硫を化学反応として理解してはいなかった．しかし，3.5.2項に述べるように，ゴム加工の多くのステップにおいて，化学反応をいかに制御するかがゴム技術者の腕の見せどころである．すなわち，ゴムでは混合操作は単なる機械的な混合ではなく化学反応を伴っている．しかし，この事実はゴム関係者に十分認識されていない．1970年代頃よりプラスチックにおいて新しい技術ともてはやされた反応成型（reaction injection moulding：RIM）の本質は，ゴムでは百数十年前から使用されている加硫技術と共通のものである．本節では，2.3節と3.5.2項の説明に含まれない「その場反応」の積極的な利用の例を説明する．

(2)　シリカ粒子のその場充てん

ゴムマトリックス中やゴムラテックス中でのテトラエトキシラン（TEOS）の加水分解と重縮合反応による *in situ* シリカ生成は，フィラーをその場生成させてゴムの補強を行う方法である．この先駆的研究[45]後にジエン系ゴム架橋体でも可能であることが見出され[46,47]，混練，プレス成形加工に供する *in situ* シリカ充てんゴム配合物も，未架橋ゴム中で作ることが可能である[48〜50]．図2.5(a)に

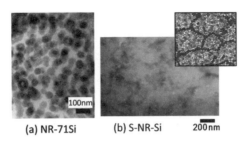

図2.5 NRに位置選択的に導入したシリカフィラーのモルフォロジー
(a) 均一分散性の高い *in situ* シリカ充てん[49], (b) フィラーネットワークモデルとなる *in situ* シリカ充てん[53]

粒径約46 nmのシリカを71 phr充てんした写真を示す[49]. 均一シリカ粒子の生成では逆ミセル型の反応場でのゾル-ゲル反応機構が実験により裏付けられた[51]. さらに, *in situ* シリカ生成は, ゴムラテックス中でも進行する[47,52,53]. NRラテックス中のゴム粒子がテンプレートとなって *in situ* にシリカが生成し, 図2.5(b)に示すフィラーネットワークが生成する[53,54]. この試料は, 汎用のフィラー充てんゴムでは見出されないステップワイズな伸長結晶化(SIC)挙動を示した[55]. パーオキサイド架橋 *in situ* シリカ充てんNRも同様に作製でき, VN-3シリカ充てんパーオキサイド架橋NRと比較して, フィラーネットワーク構造の存在により貯蔵弾性率 (E') と損失弾性率 (E'') のゴム状平坦部がより高周波数領域にわたって続くことを見出した[54].

(3) カップリング剤の利用によるその場反応

ゴム工業では, カップリング剤をあらかじめゴムと反応させておく手法は一般的ではなく, 加工ステップの適当な段階でその場投入され, 熱プレス加工と同時に *in situ* 反応が進行する. ビス(3-トリエトキシプロピル)テトラスルフィド(TESPT)をシランカップリング剤として用いた系では, TESPTのS-S単位がゴム鎖と反応して, アルコキシシリル基が加水分解後, シリカと結合するので工業的価値が高い[46,56]. 同様に, SBRの架橋時にTESPTを添加して架橋体を作製し, そのなかでテトラエトキシシランのゾル-ゲル反応を行うと, *in situ* シリカ粒子を介した架橋構造が付与できる[57]. また, エポキシ基を有するゴムの場合, アミノ基を有するシランカップリング剤を用いることにより, エポキシ基とアミ

ノ基との反応を in situ に起こすことが可能となる[58]．この反応では，非常に小さな in situ シリカが分散性よく生成する．今後，カップリング剤によるゴムの改質やそれを利用した架橋ならびに補強がますます盛んとなるであろう．

2.3 化学：架橋反応

2.3.1 加硫の発明と発展

ゴムが製品として社会に役立つための条件は，ゴム分子が3次元網目構造を形成している，すなわち架橋されていることである．ゴムの分野では「加硫」を架橋反応と同意に用いることが多い．しかし，本書では生成する架橋構造がスルフィド結合のみから構成されるような架橋反応を加硫と表現する．したがって，架橋剤として元素硫黄を用いる系が一般的で，テトラメチルチウラムジスルフィドなど硫黄供与体（sulfur donor）と呼ばれる化合物を単独で用いてモノスルフィド（-C-S-C-）架橋を生成する系も加硫に含める．

1839年に，グッドイヤー（C. Goodyear, 1800-1860）によって加硫が発見されて，天然ゴムは有用な材料となった[6,7]．彼は加硫が化学反応であるとの認識がないまま実験を繰り返して，硫黄と鉛白を用いた加硫の発明に至った[59]．ゴム化学の祖というべき彼の生涯についてはコラム2を参照いただきたい．加硫を加速する目的で，マグネシウムなど多くの金属化合物の併用が試みられた．硫黄のみを用いた加硫では架橋体を得るのに数十時間から数日を要したからである（図2.6参照）．結果的に酸化亜鉛（ZnO）が残り，現在も使用されている．20世紀初頭からゴムの加硫が化学反応として理解されるようになり[61]，1906年，オーエンスレーガー（G. Oenslager, 1873-1956）により無機化合物を大きく超えるアニリンの加硫促進作用が見出された[62]．アニリンに始まった有機加硫促進剤の開発は，短時間でゴム弾性体の作製を可能とし，加硫設計とそれに基づく加硫技術を成熟させた．1912年のピペリジンジチオカルバミン酸塩，1915年のアルキルキサントゲン酸亜鉛をはじめとして，1918年のZnMDC，1919年のTMTD，1920年のDPG，1921年のMBT，1923年のMBTS，1932年MBSなど，チウラム系，グアニジン系，チアゾール系，スルフェンアミド系が開発されてそれぞれに広く用いられた．図2.6は半世紀に及ぶ新規加硫促進剤開発の努力を端的に表現してい

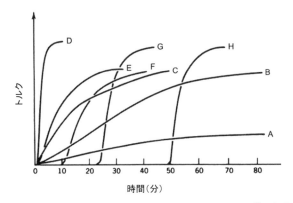

図 2.6 140℃における各種加硫促進剤系の NR に対する架橋能力の比較[60]. 各系の化学構造は 2.3.2 項の図 2.7 を参照.
A:硫黄 (1884), B:アニリン (1906), C:1,3-ジフェニル-2-チオウレア (CA) (1919), D:テトラメチルチウラムジスルフィド (1920), E:2-メルカプトベンゾチアゾール (MBT) (1925), F:2,2'-ジチオベンゾチアゾール (MBTS) (1925), G:ベンゾチアゾールスルフェンアミド (1937), H:ベンゾチアゾールスルフェンアミド+N-(シクロヘキシルチオ)フタルイミド (早期加硫防止剤 (PVI)) (1968). 括弧内には市場に現れたおおよその年を示す[4].

る.まず,硫黄単独と比較してアニリンの促進効果が明らかである.チウラム系は最も加硫速度を高めるが,あまりに即効性で加工中のスコーチ (scorch, 早期加硫) を避けることが困難である.スルフェンアミド系は遅効性 (効率が低いのではなく,スコーチを遅らせる) 促進剤でありながら加硫速度は高く,また,早期加硫防止剤 (pre-vulcanization inhibitor: PVI) を併用することで,あらかじめ加工時間の設定が可能となる.

このようなゴム化学者・技術者の努力によって,1960 年代から 1970 年にかけてゴムの加硫技術は成熟段階に到達した.すなわち,N-シクロヘキシル-2-ベンゾチアゾールスルフェンアミド (CBS) などのスルフェンアミド系を代表例とする硫黄・有機加硫促進剤・ZnO・ステアリン酸系によるゴムの加硫技術が確立し,その後は新規促進剤の開発よりも既存加硫促進剤系の応用展開に力が注がれてきた[63].1970 年代はゴム加硫技術のパラダイムが成立した時期と位置づけられる.T.S. クーンによれば,パラダイムとは「実際の科学の仕事の模範となっている例――法則,理論,応用,装置を含めた――があって,それが一連の科学研究の伝統をつくるモデルとなるようなもの」であり,さらに「パラダイムができて,

表 2.2 NR の CV, 準 CV, EV 系の配合と加硫特性[65]

項　目	CV	準 CV	EV
硫黄（phr*）	2.0〜3.5	1.0〜1.7	0.4〜0.8
促進剤（phr）	1.2〜0.4	2.5〜1.2	5.0〜2.0
促進剤/硫黄	0.1〜0.6	0.7〜2.5	2.5〜12
ポリスルフィド・ジスルフィド架橋（%）	95	50	20
モノスルフィド架橋（%）	5	50	80
環状スルフィド濃度（%）	高	中	低
低温結晶化耐性	高	中	低
耐熱性	低	中	高
加硫戻り耐性	低	中	高
圧縮永久ひずみ（70°C, 22時間）（%）	30	中	10

*：ゴム 100 g あたりのグラム数．

それに基づいて一連の類型的なパターンの研究が続くということは，その科学の分野における発展が成熟してきたしるしである」[64].

　ゴム工業において，加硫工程についても経験的ながら適切な選択が可能となった．例えば，加硫促進剤の量に対して硫黄の量を減らした準有効加硫（semi-EV）や有効加硫（EV）が行われている．表 2.2 に NR 系の普通加硫（CV）に対する semi-EV や EV の特徴をまとめて示す[65]．しかし，有機加硫促進剤の展開の多くは，試行錯誤による膨大な数のトライアルによる経験がもたらした結果であり，機構の解明によって理論的に設計されたものではなかった．反応機構の提案も数多くなされてきたが，例えばジエン系ゴムの加硫反応では系によりラジカル反応説とイオン反応説が対立し，また場合によっては両方の機構が関与すると考えられている[41,66].

2.3.2　有機加硫促進剤と加硫活性化剤

（1）有機加硫促進剤

　ゴム製品は，3次元化反応と同時に成型が進行し，加硫では配合物が金型全体に行きわたったと同時に速やかに3次元網目形成を完了させる工夫が求められる．代表的加硫促進剤の化学構造を図 2.7 に示す．促進剤開発の目的は，十分な耐スコーチ性と反応開始後の大きな加硫速度と小さな加硫戻りが達成でき，さらに，得られる加硫ゴムの力学的特性や耐熱性などに優れるゴム製品を製造することであった．これらの要求は相反するもので，トレード・オフに帰着せざるを得

化学構造	略　称	化合物名
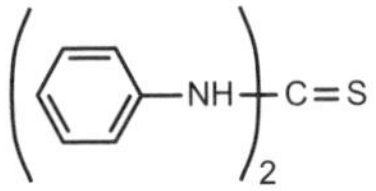 (C₆H₅-NH-C(=S)-)₂	CA	1,3-Diphenyl-2-thiourea N,N'-Diphenylthiourea
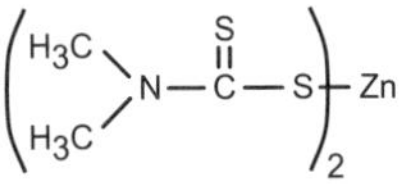 ((H₃C)₂N-C(=S)-S-)₂Zn	ZnMDC, ZDMC	Zinc dimethyldithiocarbamate
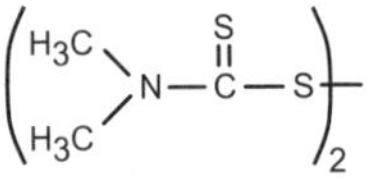 ((H₃C)₂N-C(=S)-S-)₂	TMTD	Tetramethylthiuram disulfide
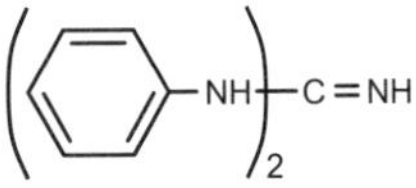 (C₆H₅-NH-)₂C=NH	DPG	Diphenyl guanidine
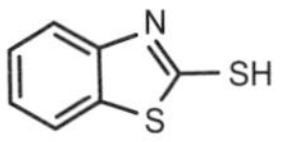 benzothiazole-SH	MBT	2-Mercaptobenzothiazole
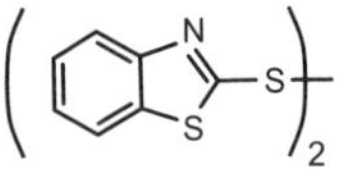 (benzothiazole-S-)₂	MBTS	2,2'-Dithiobenzothiazole
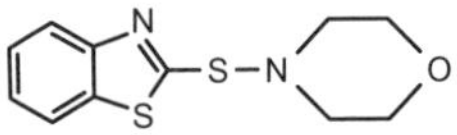 benzothiazole-S-N(morpholine)	OBS, MBS	2-Morpholinothiobenzothiazole
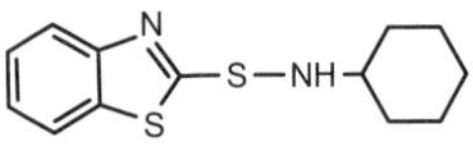 benzothiazole-S-NH-cyclohexyl	CBS	N-Cyclohexylbenzothiazole-2-sulfenamide
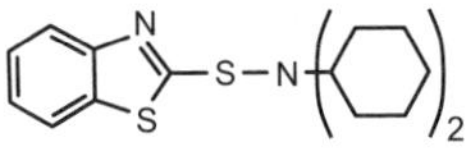 benzothiazole-S-N(cyclohexyl)₂	DHBS, DCBS	N-Dicyclohexylbenzothiazole-2-sulfenamide

図2.7　主な加硫促進剤の化学構造および略号と名称

ない．例えば，チウラム系は加硫速度が大きい超加硫促進剤で，加硫平坦部は短いが加硫物の力学物性に優れる．したがって，ブチルゴム（IIR）やエチレン-プロピレン-ジエン三元共重合ゴム（EPDM）などの低不飽和性ゴムの加硫促進剤として用いられる．しかし，加工の安全性の点からは混練中やゴム配合物の貯蔵中やカレンダ成形や押出成形等の賦形工程の途中で早期加硫を起こさないスコー

チ安全性が重視され，1960〜70年代には，CBSや N-ジシクロヘキシル-2-ベンゾチアゾールスルフェンアミド（DHBS）を中心としたスルフェンアミド系の遅効性加硫促進剤が広く使用されるようになった．さらにスコーチ安全性を高めるために，早期加硫防止剤（PVI）と呼ばれるスコーチ防止剤の開発も進んだ．タイヤの摩耗により加硫試薬残渣や加硫反応副生成物などが拡散し，環境汚染を引き起こしかねない問題があり，この観点からの加硫設計への取り組みが求められている．

(2) 加硫活性化剤

加硫の発明後は比較的入手容易であった金属酸化物との併用効果が調べられ，最終的に残ったのが酸化亜鉛（ZnO）であった．有機加硫促進剤との併用系においても ZnO は加硫活性化剤と位置づけられ，ゴム製品製造に不可欠な試薬として使用されている．なお，加硫促進助剤という言葉は，有機加硫促進剤を2種あるいは3種以上組み合わせて使用する場合に主でない方に対する用語でもあるので，本書では用いない．ZnO は亜鉛華または亜鉛白と呼ばれ，比重 5.47〜5.78 の軽くて無臭の白色粉体である．粒径が小さく表面積の大きい超微粒子が活性亜鉛華と称して市販され，ステアリン酸と併用して広く用いられている．近年，小角中性子散乱測定により，ZnO が網目不均一形成の1つの主要因であり，ZnO がステアリン酸と反応して生成する亜鉛／ステアレート中間体がメッシュ網目を形成し，ZnO クラスターに吸着された硫黄や加硫促進剤が架橋点の多い領域を形成していること（4.3.1 項参照）が見出されている[67]．

ステアリン酸は炭素数18個の直鎖飽和酸で，酸化亜鉛と反応してステアリン酸亜鉛を生成し，亜鉛のゴムへの相溶性を高めて加硫反応を促進する働きがあると考えられている．可溶化後に生成する反応性中間体の構造について，現在最も受け入れられている考え方は，「Zn^{2+} と 2 分子の $C_{17}H_{35}COO^-$ よりなる錯体が形成されてゴムマトリックスに溶解し，Zn^{2+} の配位子座に硫黄と反応した有機促進剤からのアニオンフラグメントが配位し，反応性中間体が形成されて加硫反応（C-S 結合生成）が進行する．そして最終的に亜鉛は脱離して ZnS となる」とする説[41,66]である．ZnS が検出されているので，化学的知見と対応するこの説明が広く受け入れられている．しかし，高分子量のゴムマトリックスが反応媒体（溶媒）であるから，不安定中間体の構造決定は極めて困難であった．酸化亜鉛もス

テアリン酸もゴムの加硫に必須の試薬であるにもかかわらず，長く促進「助剤」と位置づけされてきたゆえんである．近年，その解明に挑戦した結果が発表された（4.3.1項参照）．なお，亜鉛鉱石の可採年数が20年程度と見積もられていることもあり，ゴム工業における酸化亜鉛代替物の確立も重要課題の1つとなっている．

2.3.3 過酸化物架橋とその他の架橋反応

(1) 過酸化物架橋

加硫は二重結合を有しているジエン系ゴムに限られるが，過酸化物架橋は飽和ゴムにも適用可能で，詳細な総説がある[68]．近年，水素添加ニトリルゴムに代表される汎用ゴムの水素添加による耐熱性の高いゴムや，メタロセン系触媒等から新規オレフィンゴムが開発され，それら耐熱性ゴムの加工における過酸化物架橋の需要は大きくなっている．過酸化物架橋の反応機構は，過酸化物のホモリシスで生成したフリーラジカルが，ゴム中のアリル位の水素や第三級水素を引き抜き，ラジカルがカップリングまたは付加反応により架橋構造を形成するというものである．カップリングによる架橋反応はイソプレンゴム（IR）などに，また，連鎖付加反応はブタジエンゴム（BR）などで起こる．生成フリーラジカルの長寿命化により架橋効率を高くするために，架橋助剤（coagent）を用いることも一般に行われる[69]．NRラテックスの過酸化物架橋では，脱タンパク効果がラジカルの拡散を早め，より均一なネットワーク構造を与えるとする論文がある[70]．また，過酸化物架橋は加硫と比べて配合や加工工程が単純であり，添加する試薬も工程も少ない．例えば，高分子量分岐型ポリ（オキシエチレン）から作るイオン伝導性エラストマー材料の研究[71]で，ベンゾイル-m-トルオイルパーオキシドとN,N-m-フェニレンビスマレイミドを用いて過酸化物架橋した材料は優れた高分子固体電解質となった（3.3.3項参照）．ゴム工業では硫黄架橋と過酸化物架橋を併用する場合もあり，現在の加硫パラダイムのもとでのさらなる展開が図られている．

(2) その他の代表的架橋反応

過酸化物架橋は，エチレン-プロピレン-ジエン三元共重合ゴム（EPDM）やシリコーンゴム，フッ素ゴムなどの飽和ゴムにも使用される．しかし，ポリ（イソ

ブチレン)やブチルゴム（IIR）を過酸化物架橋すると主鎖の切断が起こり3次元化反応と競合する．したがって，IIRでは加硫のほかキノンオキシム架橋や樹脂架橋などが行われる．チオウレア架橋は，クロロプレンゴムやエピクロロヒドリンゴムなどの塩素系ゴムに一般的な架橋法であり，受酸剤存在下ビスアルキル化反応で進むと考えられている．しかし，エチレンチオウレア（EU）には毒性の問題があり，これらのゴムにはポリチオール系架橋が行われている．そのほか，金属酸化物や金属水酸化物を受酸剤とするポリアミン架橋やポリオール架橋も塩素系ゴムやフッ素ゴムに適応されている．シリコーンゴムの架橋は，両末端ビニル低分子化合物やオリゴマーを白金触媒下，ハイドロシリル化反応させることにより可能となる．また，汎用ゴムにシランカップリング剤を用いてアルコキシシリル基を導入した後，水存在下，アルコキシシリル基のゾル-ゲル反応を行って，架橋体を得ることができる[72]．いわゆる水架橋，あるいはシラン架橋である．TESPTについては前節でふれたが，加硫試薬とカップリング剤を兼ねており，工業的価値が高い[46,56]．

　オリゴマー領域の両末端反応性ポリマーを3官能性以上の試薬と反応させると，3次元網目が形成する．例えば，水酸基やカルボキシル基などを末端基とするテレキリックオレフィン系液状ゴムやジエン系液状ゴムが工業生産され，ウレタン結合やエステル結合による架橋体作製に使用されている．両末端反応性プレポリマーを用いてゴム弾性に寄与しない末端自由鎖，すなわちダングリング鎖の少ない高分子網目を生成させることができる．これは，架橋構造の明確な架橋体の作製方法と考えられており，学術的研究にしばしば用いられる[73~76]．

● ● ●　　　　　　　　　　コラム2　グッドイヤーとオーエンスレーガー

　加硫の発明は，特許の出願・認可でハンコック（T. Hancock, 1786-1865）が先んじたことから彼がタイヤの発明者であるとの主張や，グッドイヤーとハンコックの2人を発明者とする説などが現在でも主張されることがある．事情は複雑だが要約すると次のようになる．グッドイヤーは加硫発明（1839年）後も特許申請費用に事欠いて，加硫ゴムのサンプルを友人に渡して支援者を募っていた．その1つがイギリスのハンコックの手に渡り，彼は目ざとく表面にブルームした

硫黄粉を見つけ，ただちに硫黄をゴムに混合して実験を繰り返してグッドイヤーより数日早くに英国特許を申請し認可された(1847年6月30日, No. 12007)．グッドイヤーは無効の訴訟を起こしたが十分な裁判費用を支払うことができず，ハンコックの英国特許が確定してしまった．当時の特許制度が十分に整備されていなかったこともあるかもしれないが，特許と裁判はお定まりのコースの観を呈していたようである．

　貧困のなかで裁判沙汰が続き，借金の返済不能で何度も投獄されるなど，グッドイヤーは米国特許でも信じられない苦労を重ねていた．機械技術者であったハンコックのようにゴム練りのための機械をもたなかった彼は，ゴムと各種試薬の混合を自分の指，木槌，ナイフ，台所用のまないたなどを使って腕力で行っていた．加硫の発明に至るまでにも鉛化合物など多種の毒性試薬を素手で扱っていたから，死因はそれらに起因する中毒死とする説は否定できない．彼は教育らしい教育を受けておらず，「町の発明家」の言葉そのままの人物であった（しかし「意外なことに」というべきか，自費出版された彼の唯一の著書は，ゴムについて「深い科学的理解に到達していた」可能性を示唆している）．彼の実験室は台所であったから，妻が調理中のコンロのそばに硫黄を混合したゴム配合物が転がっていって加熱されたために加硫の「発見」があったとする有名な逸話は真実味がある．それはともかく，死因が鉛中毒であったとしても，特許に関する激しい心労が彼の死を早める結果となったことは確かであろう．異常ともいえるほどの貧困のなかでゴムに魅せられた彼の人生もさることながら，そんな彼を支え続けて5人の子を育てあげた末に，彼に先立って病に倒れた妻クラリッサ（Clarissa）の人生はさらに感動的である．先の逸話が広く流布したのも，彼女の家庭への献身を高く評価したアメリカの人々のせめてものねぎらいの気持ちが込められていたからかもしれない．ゴムをめぐって悲惨だったともいえる2人の人生は，南北戦争をはさみながらも資本主義経済が急速な発展途上にあって「ヨーロッパに追いつき追い越せ」が合言葉であったアメリカで，アメリカ人魂の1つの典型を示す歴史的記念碑となった[1]．

　硫黄だけでは加硫は遅く，初期には多くの金属化合物（主に酸化物）の促進作用が利用されたが，それらの促進効果は不十分で，金属イオンのゴムに対する劣化促進作用も問題であった．20世紀に入って，それら無機物を大きく越える加硫促進効果がアニリンなど一連の有機化合物によって見いだされた．そこで活躍したのがオーエンスレーガー（G. Oenslager, 1873-1956）である．彼はハーバード大学で化学を専攻し，修士課程ではT. W. リチャード教授（原子量測定の功績で1914年ノーベル化学賞を受けた）のもとで原子量測定の訓練を受け，定量的

な扱いに習熟した化学者であった．パルプ会社などで経験を積んで，1905年春にダイアモンドゴム会社に入社した．同社はタイヤの開発と製造に力を入れていたときで，彼はゴムの加硫を担当し，無機金属塩の加硫促進作用はその塩基性によるものと考えて，有機塩基としてアニリンを試みた．そして，それが当たった！しかしアニリンは液体（沸点184℃）で人体に毒性があり，工場で用いるには問題があった．彼は固体のジフェニルチオ尿素を提案し，その後の有機加硫促進剤開発競争の口火を切った．大衆車として時代を先駆けたフォードT型車の発売は1908年であったから，米国ではタイヤの需要が急速に拡大しつつあった時期である．

オーエンスレーガーは有機合成化学者ではなかったので，その後は有機促進剤から離れたが，彼は酸化亜鉛が有機促進剤の効果をさらに高めることを認めており，以前から知られていた天然ゴム中に含まれるステアリン酸と合わせて，硫黄，有機促進剤，酸化亜鉛，ステアリン酸からなる硫黄・有機促進剤架橋系が，現代のゴム加硫技術の中心となる基礎を据えた技術者であった．ダイアモンドゴム会社は1912年グッドリッチ（B. F. Goodrich）社によって買収され，1920年彼は日本の横浜ゴム社に派遣されて技術指導を行っている．滞在中に東洋の文化・美術に深い興味を抱き，日本に良い印象をもったようで，今も続く日本ゴム協会の「オーエンスレーガー賞」（横浜ゴム株式会社後援）のルーツはここにある．彼はジャワ，スマトラ，マラヤを経由し，そこでゴムプランテーション，ゴム研究機関を訪問して帰国した[2]．

[池田裕子]

2.4 物理学：ゴム状態とゴム弾性論

2.4.1 ゴム状態

物質の一般的な状態は図2.8のように示される．この図において，固体（結晶）を加熱するとその体積は膨張する．その勾配は結晶の体積膨張係数（volume expansion coefficient）である．温度が融点（T_m）に達すると融解して液体となり，体積のジャンプが起こって，体積が非連続的に変化する．これが固体-液体の相転移である．さらに加熱してゆくと液体の体積膨張係数（固体のそれよりも大きい）でもって膨張する．ここでは液体であるからアモルファス状態にある．逆に，結晶性物質を高温側から冷却すると，この図のV-T曲線をたどりT_mで体積が

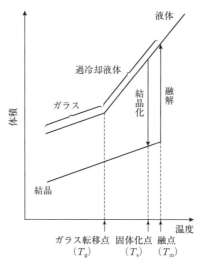

図 2.8 固体，液体の体積（V）と温度（T）の関係を示す状態図[77]

非連続的に減少して固体となって（T_s；固体化温度）さらに少しずつ体積減少を続ける．つまり，固体-液体の相転移は可逆である．温度変化が十分ゆっくり（準静的）であれば T_m と T_s は一致する．

高分子（ポリマー）の場合，高温でアモルファスな液状熔融体（melt，メルト）を冷却していくと体積が減少し，ふつうのポリマーでは T_s は知らぬ間に通り過ぎて，体積減少が続く．そしてある温度で V-T 曲線の勾配（体積膨張係数）が突然小さくなって，結晶性固体（すぐ下の直線）とほぼ同じ小さな勾配で体積が減少してゆく．この温度が，1.3.2項に述べたガラス転移温度（T_g）である．T_g では体積そのものではなく体積の温度変化の勾配（数学的には微分係数）の非連続変化が起こっている．ここで，T_g の低温側はガラス状態（glassy state），高温側はゴム状態（rubbery state）と呼ばれる．したがって T_g はガラス-ゴム転移と呼ぶべきであるが[78]，歴史的にガラスは古代から知られていたので，「ガラス転移」が用語として定着している．T_g はゴム材料の低温側の限界温度であり，熱可塑性プラスチックにとっては軟化温度（softening temperature）と呼ばれる上限温度と近似できる．ただし，結晶化度（3.4.1項参照）の高いプラスチックでは T_s は T_g より T_m に近い．すなわち，プラスチックにとって T_g より高温

では液体状態であるのに対して，ゴムでは（見かけ上）固体であって使用温度領域は T_g より高温側に限定されている．ガラスもゴムもアモルファスであるから，図2.8は結晶とアモルファスの相図を示している．もちろんポリマーの場合にも単結晶が作製されている例がある[79]．

ガラス転移は固体と液体の間の相変化であるが，体積の非連続変化はなく融解と同じ意味での熱力学的相転移ではない．V-T 曲線の微分，つまり勾配が非連続変化することから第2次の熱力学的相転移と解釈することもできるが，熱履歴依存性が大きく熱力学的解釈には難点もあり，ここでは自由体積理論[78,80,81]，およびWLF（Williams, Landel & Ferry）式[82,83]によるその解釈を簡単に説明する．

単位重量あたりの物質の体積すなわち比容（V）は占有体積（occupied volume）V_0 と自由体積（free volume）V_f の和で表されるとしよう．V_0 はファンデルワールス半径体積と分子内振動に基づく体積の和で，それ以外の体積を自由体積としている．すなわち

$$V = V_0 + V_f \tag{2.1}$$

絶対零度からの温度上昇により V は増加し，何らかの基準温度 T_r より高温側では体積増加率が急増する．これは V_f の勾配急増によると考えると，自由体積分率を f（fractional free volume $= V_f/V$）として，

$$f = f_r + \alpha_f (T - T_r) \tag{2.2}$$

となる．ここで，T は絶対温度，T_r は基準となる転移温度，f_r は T_r における自

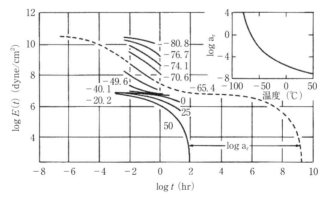

図2.9　応力緩和実験により得られたポリイソブチレンの緩和弾性率の時間（周波数）依存性と，時間-温度換算則によるマスターカーブ（破線）の作製

由体積分率，α_f は T_r より高温側での自由体積の膨張率（勾配）であり，低温側での勾配よりも大きい．この考えによって Doolittle らは液体のゼロせん断粘度（せん断応力ゼロに外挿した粘度の値）が，A, B を定数として次式により説明されると提案した[78,80]．

$$\ln \eta_0 = \ln A + B \frac{V - V_f}{V_f} \tag{2.3}$$

一方，Tobolsky らはポリイソブチレンの −80.8℃ から 50℃ の温度範囲で緩和弾性率（第 3 章を参照）として，図 2.9 の結果を報告した[84]．各温度で得られた結果は −65.4℃ を基準として高温側は右へ，低温側は左へ水平移動させると，破線で示す合成曲線（マスターカーブ）が得られる．その移動量 $\log \alpha_T$ はシフトファクター（shift factor）と呼ばれ，図右上のように温度に依存する．当然，−65.4℃ で $\log \alpha_T$ はゼロ（$\alpha_T = 1$）である．図 2.9 の結果は，時間軸が 5 桁以下の結果を重ね合わせることにより，16 桁という広範囲の挙動が記述できることを示している．人の一生は 10^9 秒程度であるから，この換算則の有用性は明らかであろう．これは時間-温度換算則（time-temperature reducibility）と呼ばれる．

多くのポリマーのシフトファクターは，WLF 式と呼ばれるようになった次式で表される．

$$\log \alpha_T = \log \frac{\eta_0 T_r \rho_r}{\eta_{0r} T \rho} = -\frac{C_1 (T - T_r)}{C_2 + T - T_r} \tag{2.4}$$

ここで，下付き r は基準温度 T_r における値を示し，C_1, C_2 は定数である．また，$T_r \rho_r / T \rho$（ρ は密度）は通常 1 とみなしてよい．彼らは基準温度 T_r として（$T_g + 50$）を選び，$C_1 = 8.86$, $C_2 = 101.6$ を報告した．また，T_r として T_g を用いると，

$$C_1 = 17.44, \quad C_2 = 51.6 \tag{2.5}$$

が得られる．粘度式（2.3）と WLF 式（2.4）から（$T_r \rho_r$）/$T \rho$ を 1 として次式

$$\log \alpha_T = \frac{B}{2.303} \left(\frac{1}{f} - \frac{1}{f_r} \right) \tag{2.6}$$

が導出される．WLF 式（2.4）と比較して，

$$c_1 = \frac{B}{2.303 f_r}, \quad c_2 = \frac{f_r}{\alpha_f}, \quad c_1 c_2 = \frac{B}{2.303 \alpha_f} \tag{2.7}$$

が導かれる．基準温度 T_r として T_g を考え，式（2.5）の値を用いて，

$$f_g = 0.025, \quad \alpha_f = 4.8 \times 10^{-4} \quad (\text{deg}^{-1}) \tag{2.8}$$

が得られる．ガラス転移温度では自由体積が全体積の2.5%を占めることになる．すなわち，T_g はすべての物質が2.5%の等自由体積状態（iso-free volume state）となる温度と定義できる[80,81]．これは第1次近似であり，近年では，ガラス転移を緩和現象として扱う理論がより精密な説明として確立しつつある[78,85]．

図2.8に戻って，再度物質を絶対零度から加熱する．温度上昇に伴って体積が増加して振動その他の分子運動が活発となり，自由体積が2.5%程度に達すると，ミクロブラウン運動（ゴム分子ではモノマー単位数個からなるセグメントの運動）が始まり，加熱とともにその運動が活発となって高粘度の液体状態となる．図に示す過冷却液体（super-cooled liquid）とその高温側がゴム状態である．もちろん，粘度は温度上昇とともに少しずつ低下するが，高粘性のためにミクロには液体でありながら，巨視的には固体とも判断できる．しかし，十分に長時間スケールの観測ではマクロにも流動してゆくこと（コールドフロー）が認められ，粘度の高い液体である．T_g より低温側ではミクロブラウン運動は凍結されていて，アモルファス固体としてふるまう．これがガラス状態である．

したがってゴム状態とはゴムに特有の状態ではなく，ゴムであるかないかを問わず，ほとんどのポリマーが T_g（あるいは結晶性のポリマーであれば T_m）以上の高温側で示す熱力学的状態であり，その状態における物性上最大の特徴はゴム弾性（rubber elasticity）を示すことである[86]．すなわち，ゴム状態もゴム弾性も，ゴムというよりポリマーに特有の状態であり物性とすることが，科学的に正確な理解である．

2.4.2 ゴム弾性（エントロピー弾性）

ガラス転移温度より高温側で，ポリマー鎖は図2.10に示すようにランダムに曲がりくねった形態をとり，しかも鎖を構成する各セグメントはミクロブラウン運動によって活発に動いている．鎖の一端Aを原点に固定し，他端は図に示すにB点に存在するとしよう．Bは点 (x, y, z) にあり，極座標表示では点 (R, θ, φ) にある．鎖はランダムな動的状態にあるから，B点に存在する確率 p を知る必要がある．他端がB点にある体積要素 $dv(= dx\,dy\,dz)$ 中に存在する確率 $p(x, y, z)$ は次のように与えられる．

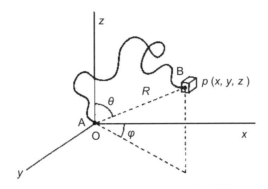

図 2.10 統計的に屈曲したポリマー鎖の形態[95]

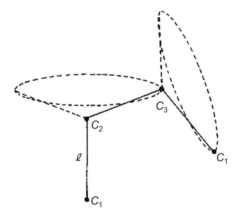

図 2.11 ポリマー鎖中のセグメントを構成するモノマー単位の最も単純なモデル[95]

$$p(x, y, z)\, dx\, dy\, dz = \left(\frac{b}{\sqrt{\pi}}\right)^3 e^{-b^2(x^2+y^2+z^2)}\, dx\, dy\, dz \qquad (2.9)$$

この鎖を化学構造の点で図 2.11 に示す最も単純なモデルによって考えると，式 (2.9) の定数 b は

$$b^2 = \frac{3}{2Nl^2} \qquad (2.10)$$

で与えられる．ここで l は図 2.11 に示す C–C 結合長である．式 (2.9) はガウスの誤差関数で，この式に従うポリマー鎖をガウス鎖 (Gaussian chain) あるいは，ランダムな運動をしていることからランダム鎖と呼ぶ．このガウス鎖の両末端距

離 AB，つまりポリマー鎖の長さ R が，R と dR の範囲にある確率は

$$P(R)dR = \frac{4b^3}{\sqrt{\pi}} R^2 e^{-b^2 R^2} dR \tag{2.11}$$

で表され，R の 2 乗平均は

$$\langle R^2 \rangle = \frac{3}{2b^2} = Nl^2 \tag{2.12}$$

となる．両辺の平方根をとると

$$\sqrt{\langle R^2 \rangle} = \sqrt{N} \times l \tag{2.13}$$

である．

式（2.13）によればガウス鎖の自然状態における長さは，その鎖が完全に伸びきった場合の長さ，つまり $N \times l = Nl$ に比べてかなり小さい．重合度に相当する N が 100 の場合には $\sqrt{N} = 10$ であるから，この鎖は理論的には 10 倍まで引き伸ばすことが可能である．図 2.10 の点 A, B を架橋点（crosslinking point）とすれば，ガウス鎖 AB は架橋点間の網目鎖となるから，その重合度が 100 程度であれば（事実，通常の加硫ゴムでは数十から数百である），架橋ゴム（＝エラストマー）が伸長によって 10 倍近くの長さに変形されてもおかしくないことが理論的に説明された．通常の固体材料の弾性限界内での可逆的変形は 10%（1.1 倍）を越えることは少なく，ゴムのユニークな大変形は際立っている．

「ゴムはなぜこのような大変形が可能なのか？」が次の課題である．その解への第一歩は熱力学によって与えられる．長さ R，体積 V のゴム試料に外部応力 f を加えて伸長させた場合を考えよう．この時ゴムは ΔQ の熱量を吸収し，内部エネルギーは ΔE 増加したとする．熱力学第 1 法則（エネルギー保存則）により

$$\Delta E = \Delta Q + f\Delta R + P\Delta V \tag{2.14}$$

ゴムはそのポアソン比（Poisson ratio）が 0.5 で変形による体積変化は無視（$\Delta V = 0$）できるので，第 3 項は消去でき

$$\Delta E = \Delta Q + f\Delta R \tag{2.15}$$

となる．伸長によるゴムのエントロピー変化は熱力学第 2 法則により

$$\Delta S = \frac{\Delta Q}{T} \tag{2.16}$$

である．式（2.16）を式（2.15）に代入すると

$$\Delta E = T\Delta S + f\Delta R \tag{2.17}$$

ゴムでは $P\Delta V$ は無視できるので，次式に示すヘルムホルツの（あるいは，定容）自由エネルギーを議論する．

$$F = E - TS \tag{2.18}$$

等温変形では式（2.17）と式（2.18）から

$$\Delta F = \Delta E - T\Delta S = f\Delta R \tag{2.19}$$

すなわち

$$f = \left(\frac{\partial F}{\partial R}\right)_{T,V} = \left(\frac{\partial E}{\partial R}\right)_{T,V} - T\left(\frac{\partial S}{\partial R}\right)_{T,V} \tag{2.20}$$

ここでは微小変化を示す Δ を偏微分記号 ∂ に変換した．式（2.20）は絶対温度（T）と体積（V）一定の条件下で，変形を引き起こした応力 f が内部エネルギーの変化 $(\partial E/\partial R)_{T,V}$ とエントロピーの変化 $(\partial S/\partial R)_{T,V}$ よりなることを示している．マイヤー（K. H. Meyer）らによる天然ゴムについての古典的な実験結果は，230 K より高温側では

$$f = \text{constant} \times T \tag{2.21}$$

が成立することを示した[87]．すなわち，式（2.20）において $(\partial E/\partial R)_{T,V}$ は無視できて，ゴムの弾性を支配しているのは内部エネルギー項ではなくエントロピー項であることが実験的に明らかにされた．

エントロピーは統計熱力学（統計力学とも）[88,89]では，ボルツマンの式により表される．すなわち

$$S = k \ln \Omega \tag{2.22}$$

ここで，Ω は図 2.10 に示したゴム分子鎖 AB の取り得るコンフォメーションの数である．鎖が伸びきっていた場合（長さが $N \times l$）には AB が直線であるから可能なコンフォメーションは 1 つだけであり，$\Omega = 1$ つまりエントロピー S はゼロとなる．AB 間距離が小さくなると点 A から点 B に至る経路は一通りではなく，複数の経路が可能となる．言い換えると，可能なコンフォメーションの数 Ω，したがってエントロピー S は距離の減少に応じて増加する．図 2.10 に例示したガウス鎖の大きなエントロピーは伸長により減少し，伸びきった状態ではゼロとなる．外力を外してやると，熱力学第 2 法則に従って安定な高エントロピー状態に戻る．ゴムを伸長してエントロピーを減少させるためには，外部場からの力に

よって仕事をしなければならない．

式 (2.21) を考慮して，式 (2.22) を式 (2.20) の右辺第 2 項に代入すると，
$$f = -Tk \ln(\Omega_f/\Omega_i) \tag{2.23}$$
ここで Ω_i ははじめの状態での，Ω_f は伸長状態での可能なコンフォメーションの数である．Ω_i は鎖 AB の両末端距離 R の関数であるから，エントロピー S は式 (2.21) を用いて
$$S = \text{constant} - kb^2 R^2 \tag{2.24}$$
と表現できる．したがって式 (2.33) は
$$f = 2kTb^2 R \tag{2.25}$$
となる．この式によればガウス鎖におけるエントロピー弾性力は，フックの法則に従って長さ R に比例する．さらに，通常のエネルギー弾性とは逆に高温では応力が増加する[90~92]．

ここまでの説明では，ゴム分子 1 本鎖あるいは架橋ゴム中の 1 本の網目鎖（network chain）を考えてゴム弾性を取り扱ってきた．ゴム分子の 1 本鎖だけを取り出して弾性を測定することは，ナノテクノロジーが流行する今も困難であり，ゴム弾性を測定しているのは，もちろん，架橋されたゴム試料（マクロな物体）の 3 次元ネットワーク構造体である．ネットワーク系のゴム弾性については，文献[90~93]を参照いただきたい．その重要な結論ではゴムを伸長比 α まで変形させるに要する応力 σ は次式で表される．
$$\sigma = \nu kT(\alpha - \alpha^{-2}) \tag{2.26}$$
ここで α は伸長比で $\alpha = l/l_0$（l_0 は伸長前，l は伸長後の試料長），変形は非圧縮性（変形による体積変化がない）でアフィン（afine）変形（すなわち，変形後の大きさは $\alpha x_0, y_0/\sqrt{\alpha}, z_0/\sqrt{\alpha}$）としている．式 (2.36) は Kuhn[90~92,94] をはじめ Meyer, Mark, Guth, Wall, James, Treloar, Flory, 久保らにより誘導された[90~92]．以上のように，ポリマーの理想的な状態としてガウス鎖を仮定した熱力学・統計熱力学的取扱い（古典ゴム弾性論）によって，ゴム弾性の次のような特徴が明らかにされた．

① ゴムは極めて小さな力で変形させることができる．これは図 2.10 に示されるようにゴム分子がミクロブラウン運動下の活発な動的状態にあるからで，弾性率，例えばヤング率が他の材料に比べて桁違いに小さいことに対応する．

②破断に至るまでの伸びが極めて大きい．これは式（2.23）によって元の状態がガウス鎖としてランダムなコイル状態にあることにより説明される．

③大変形後も外力を除くとただちに元の長さに戻る．これは2.3節に述べた架橋反応（加硫）による3次元網目構造の形成による効果である．

④変形による体積変化が小さく，ポアソン比が0.5と見なせる．この性質を非圧縮性（incompressibility）と呼ぶ．ポアソン比はセラミックスで0.2から0.25，金属では0.3程度，木材やプラスチックスで0.4程度である．十数倍に変形してなお体積変化がないのは，変形した状態にあってもミクロブラウン運動による動的状態にあるからだ．

⑤最後に，式（2.30～31，2.35～36）に示されるように，一定伸長下での応力すなわち弾性率は絶対温度に比例してわずかではあるが増加する．つまり，高温で硬くなる．ゴム以外の物質は高温では柔軟になるのが普通であり，これもゴムの特異挙動である．

これらユニークなゴム弾性の特徴は，室温付近の広い温度域においてポリマー鎖がミクロブラウン運動した動的状態にあって，その変形がエントロピー支配であることに起因している．ゴム弾性は固体でエントロピー弾性を示す唯一の例である．気体の弾性（圧力）が気体分子運動に基づくエントロピー起源であることと双璧をなしている．気体圧入タイヤ（pneumatic tire）が他に代えがたいデバイスであることは，ゴムと空気のエントロピー弾性の巧妙な組み合わせであることに，その理論的根拠をもっているといえよう[6,7,95,96]．

2.4.3 科学史におけるゴムとゴム弾性論の役割

(1) ゴム研究が高分子説の誕生・確立に果たした役割

高分子の科学が新しい学問分野として成立するための前提条件は，スタウディンガー（H. Staudinger）らによる「高分子説」の確立であった．その事情は，現在も高分子科学の標準的教科書としての位置を保っているフローリー（P. J. Flory）による『高分子化学』[90]の第1章に述べられている．「コロイドはいかなる物質にも可能な会合状態」で，マクロとミクロの中間の「新しい次元」として理解されるようになり，その逆，つまり会合することがなくともコロイド以外の何物でもない高分子物質の認知は1930年代まで遅れる結果となった．高分子は

「会合ではなく主原子価である共有結合により形成された巨大分子である」というのが高分子説の核心であり，一見，コロイドの概念に反すると解釈される状況下，その確立にゴム研究が大きな役割を演じたことはあまり知られていない．

天然ゴム（NR）が研究の対象とされるなかで，20世紀になって自動車が普及するにつれてタイヤつまりはNRの需要が高まり，化学分野では合成ゴムの開発が試みられた[95,96]．ドイツ・バイエル（Bayer）社のホフマン（F. Hofmann, 1866-1956）は，ハリエス（C. D. Harries, 1866-1923）の論文に従ってジメチルシクロオクタジエン（DMCOD）を合成したが，ゴムを得ることはできなかった．ハリエスはNRのオゾン分解の結果から，NRはDMCOD（イソプレンの環状二量体）がその不飽和結合に基づくティーレの副原子価によって会合して形成されたコロイドである，としていた．これに対してイギリスのS. S. Pickles（1878-1962）などとの長い論争があったし[97]，もちろん，ホフマンもハリエスと議論を行っていたが，物理学・化学分野におけるコロイド説の流行のなかでハリエスの解釈は広く受け入れられていた[90,98]．バイエル社のネガティブな実験結果が論文として公表されていれば，高分子説の受容はもっと早くなっていたかもしれない．有機化学者であったスタウディンガーはこれらの論争に刺激されて，ゴムの反応・構造についての研究を注意深く検討して1910年代後半には高分子説を信じるようになり，化学反応の立場からゴムの研究を開始し，1920年には「重合について」，1922年には「ゴムの水素化およびその構造について」の論文を発表した．以後，ゴム以外のポリマーにも対象を広げて高分子説に立脚した研究に打ち込み[99]，1953年には高分子化学分野で初めてのノーベル賞を受賞している[100]．

ゴムのもう1つの寄与は，驚くべきことにX線構造解析による研究であった．1912年にブラッグ父子によりX線回折（X-ray diffraction）による結晶構造解析のためのブラッグ条件が提案され，多くの結晶性物質の構造決定が行われた．そしてNRの伸長による結晶化のX線図的研究が，カッツ（J. R. Katz, 1880-1938）により行われた[101]．彼は測定された回折パターンが結晶性の不純物によるものではないことを確認し，ゴム分子鎖の配向を明確に認識していたから，高分子説を受け入れていた可能性がある．同じころM. Polanyiとマーク（H. Mark, 1895-1992）らもゴム，セルロースなどのX線回折実験を開始し，マークはその後マイヤー（K. O. H. Meyer, 1883-1952）らと研究を継続し，NRとガッタパーチャ

(グッタペルカ gutta-percha) 結晶の格子単位を決定. NR の格子単位は cis のイソプレン単位, ガッタパーチャのそれは trans の単位とのみ両立することを認めた[102,103]. これは高分子結晶モデルの初期の実例であった. 当初はこの格子単位が副原子価によって巨大分子を形成すると解釈されて, スタウディンガーとの激しい論争になったが, マークとマイヤーはこれら X 線解析結果の結晶の格子単位は高分子説とも両立することを認め, 1930 年前後には高分子説を支持するようになった.

(2) 古典ゴム弾性論の確立と高分子化学の成立

1930 年代になって, 高分子説の最終的な確立に寄与した研究が 2 つある. その 1 つはデュポン (Du Pont) 社のカロサーズ (W. H. Carothers) による重合反応の研究であった[104]. 商業的に成功した最初の合成ゴムであるクロロプレンゴムとナイロンの開発者であるカロサーズは, その途上で重合反応の基本的な問題点について見事な解析を行って優れた論文を発表している. スタウディンガーとともに高分子化学の基礎を固めたカロサーズであるが, 残念なことに歳若くして自ら命を絶ってしまった. ちなみに物理化学者フローリーは一時期カロサーズのグループで重合の研究に従事しており, 彼を含めてアメリカの科学者の多くはスタウディンガーの研究によってではなくカロサーズのそれによって高分子説を受け入れたとされる[105]. フローリーの書『高分子化学』における重合反応関連の章はデュポン社時代の成果で, スタウディンガーではなく一貫してカロサーズ流の考え方による記述である.

高分子説の確立に寄与したもう 1 つの研究は, 当時物性面で最も注目されたゴム弾性(2.4.2 項参照)についてであった. しかし, 有機化学者であったスタウディンガーは高分子の形を固い糸状と考えて粘度に着目し, $\eta_{sp}/c \sim M$ (ここで, c は濃度, M は分子量) を提案していた (この式は後に Houwink-Mark-Sakurada の式 $[\eta] = KM^a$ として一般化された). ここで物理学者クーン (W. Kuhn, 1899-1963) が登場する. 高分子に統計的扱いが必須であることを認識した彼は, 高分子鎖 1 本のミクロブラウン運動を考えた. ガウス鎖 (図 2.9, 2.10) モデルのもとでセグメント (segment) の概念を導入し, 実験結果の熱力学的解析をふまえてゴム弾性理論を提案した[94,106~108]. 彼ら多くの科学者の貢献により古典ゴム弾性論が成立したのは, 1930 年代後半から 1940 年にかけてであった[109]. この統計

2.4 物理学：ゴム状態とゴム弾性論

熱力学的取扱いの成果でもあるゴム弾性論は，高分子科学の新しい学問的分野としての確立（その誕生はスタウディンガーの功績である）に最も貢献したものと評価されている．例えば，湯浅光朝の「科学文化史年表」において，高分子関係の最初の記載は1840年の「グットイヤ[米]ゴムの硬化法」(正しくは1839年で，加硫法)で，2番目が1934年の「マルク及びクーン[独]ゴム弾性の理論」であった[110]．

(3) ゴム弾性理論の分子理論としての確立は？

クーンの理論はゴムの分子論であったし，フローリーの教科書を通じてゴム弾性論は高分子科学を学ぶ者にとって基礎的理解の1つとなった．しかし，その後のゴム弾性理論の発展は分子理論とは対極の，いわゆる現象論的な力学に向かっていった[92,111]．理由の1つは，ガウス鎖（ランダム鎖とも呼ばれる）モデルの簡便さと，有用性にある．その後提案された多くの分子論的モデルはゴム弾性の説明上，数学的扱いの複雑さにもかかわらずそれに見合った十分に定量的な結果を与えていないのである．ガウス鎖として扱えるポリマーは屈曲性高分子（flexible polymer）と呼ばれ，伸び縮み自在のゴムがその典型であることは定性的にもうなずける．らせんポリマー（helical polymer）のような剛直な棒状分子でも分子鎖が長くなるとたわんでくる．このような高分子を半屈曲性高分子（semi-flexible polymer）と呼ぶ．半屈曲性のモデルとして古くみみず鎖（wormlike chain）モデルが提案され[112]，このモデルによる高分子分子論が提案されて，らせん状ポリマーについての分子レベルでの挙動が研究されている[113]．当然ともいえるが，この理論ではゴムのような屈曲性の大きい高分子は取扱いが困難である．屈曲性高分子のモデルとしては回転異性体モデル（rotational isomeric state model）が提案されていた[114]．フローリーらはこれをファントムモデルとしてゴム弾性の分子論を展開して，その成果を報告している[115,116]．しかし，分子論としての特徴を十分に発揮するには至っていないように思われる[117]．

「ガウス鎖の仮定が変形のどのレベルまで有効かつ正当か」という問題は，当面，実験からのアプローチによらざるを得なかった．この課題に1960年代はじめに理論と実験の両面から取り組んだ印象深い論文がある[118]．試料として加硫NRゴムが用いられ，応力下でのNRの結晶化（伸長結晶化，3.4.2項に述べるように大変形下で起こる）と関連づけて非ガウス鎖挙動の解析を試みている．こ

こでは大変形の一軸伸長は 3.1.1 項に述べるムーニー-リブリン式の C_2 項により解析され，伸長結晶化についてのその時点までの成果を十二分に活用して議論が展開されている．NR の一軸伸長の大変形域における応力の立ち上がりが，結晶化によるか，伸びきり鎖（つまり非ガウス鎖）によるかの問題に決着をつけるはずの研究であった．しかしながら，伸長結晶化の詳細な挙動はその早い結晶化速度のゆえに，40 年後のシンクロトロン放射光による研究を待たなければならなかった（3.4 節参照）．さらに，ムーニー-リブリン式の C_2 項は理論的根拠がなく，この研究を含めた C_2 項についての膨大な論文は何ら具体的な成果を残さなかった（3.1.1 項参照）．一筋縄ではいかない非ガウス鎖の解析に，NR 試料の伸長結晶化（確かにガウス鎖が伸長により非ガウス鎖になるからこその結晶化であったが）をからませ，さらに，力学物性の解析に当時はゴム研究者の間で「標準的」とも見なされていたムーニー-リブリン式に基づく手法を用いたことが，力作であるにもかかわらず結果的には実り少ない論文となってしまった理由であると結論される．これは実際の，例えばゴム製品の設計に携わる技術者にとって，現象論的力学による取扱いの数学的な複雑さが，コンピュータの進化に伴うシミュレーション技術の進歩によって克服されてきたことと対照的である．

文献[118] が 1960 年代初頭に議論した伸長結晶化は，シンクロトロン放射光の利用により現時点では定量的な取扱いも可能となった（3.4 節参照）．力学物性についても，一軸引張りのみでは不十分であること（3.1.1 項参照）が明らかになっている．分子理論としての新しいゴム弾性理論確立への条件は，21 世紀になって整いつつあるのではなかろうか．

文　献

1) C. R. Metcalfe (1967). *Econ. Bot.*, **21**, 115.
2) J. B. van Beilen et al. (2007). *Trends Biotechnol.*, **25**, 522.
3) H. Mooibroek et al. (2000). *Appl. Microbiol. Biot.*, **53**, 355.
4) J. M. Hagel et al. (2008). *Trends Plant Sci.*, **13**, 631.
5) D. Wititsuwannakul et al. (2005). *Biochemistry of Natural Rubber and Structure of Latex,* in *Biopolymers,* A. Steinbüchel et al. eds., Wiley-VCH, Weinheim.
6) 鞠谷信三 (2013). 天然ゴムの歴史，京都大学学術出版会，京都．
7) S. Kohjiya (2015). *Natural Rubber : From the Odyssey of the Hevea Tree to the Age of*

Transportation, Smithers Rapra, Shrewsbury.
8) R. Lieberei (2007). *Ann. Bot.*, **100**, 1125.
9) S. Wagner et al. (2005). *Int. Arch. Allergy Immunol.*, **136**, 90.
10) N. Cabanes et al. (2012). *J. Investig. Allergol. Clin. Immunol.*, **22**, 313.
11) I. J. Mehta (1982). *Amer. J. Botany*, **69**, 502.
12) C. R. Benedict et al. (2011). *Ind. Crop. Prod.*, **33**, 89.
13) D. Spano et al. (2012). *Biopolymers*, **97**, 589.
14) T. Kuzuyama et al. (2012). *Proc. Japan Acad., B*, **88**, 41.
15) C. M. Hepper et al. (1969). *Biochem. J.*, **114**, 379.
16) T. Sando et al. (2008). *Biosci. Biotechnol. Biochem.*, **72**, 2903.
17) W. A. Southorn (1960). *Nature*, **188**, 165.
18) T. Sando et al. (2008). *Biosci. Biotechnol. Biochem.*, **72**, 2049.
19) C. F. Clarke et al. (1987). *Mol. Cell. Biol.*, **7**, 3138.
20) M. S. Dennis et al. (1989). *J. Biol. Chem.*, **264**, 18608.
21) K. Cornish (1993). *Euro. J. Biochem.*, **218**, 267.
22) N. Shimizu et al. (1998). *J. Biol. Chem.*, **273**, 19476.
23) M. Fujihashi et al. (2001). *Proc. Natl. Acad. Sci. USA*, **98**, 4337.
24) A. H. Eng et al. (1994). *Rubber Chem. Technol.*, **67**, 159.
25) Y. Tanaka et al. (1996). *Phytochemistry*, **41**, 1501.
26) B. L. Archer et al. (1969). *Rubber transferase from Hevea brasiliensis latex*, in *Methods in Enzymology : Steroids and Terpenoid*, B. C. Raymond ed., Academic Press, p. 476.
27) B. Archer et al. (1963). *Biochem. J.*, **89**, 565.
28) K. Asawatreratanakul et al. (2003). *Eur. J. Biochem.*, **270**, 4671.
29) G. F. J. Moir (1959). *Nature*, **184**, 1626.
30) S. Takahashi et al. (2012). *Plant Biotechnol.*, **29**, 411.
31) Y. Qu et al. (2015). *J. Biol. Chem.*, **290**, 1898.
32) T. Schmidt et al. (2010). *BMC Biochem.*, **11**, 11.
33) D. Spanò et al. (2015). *Plant Physio. Bioch.*, **87**, 26.
34) J. Post et al. (2012). *Plant Physiology*, **158**, 1406.
35) M. J. Chrispeels et al. (2000). *Plant Physiology*, **123**, 1227.
36) ゴム技術フォーラム編 (2005). ナノテクノロジーとソフトマター, ポスティコーポレーション, 東京.
37) E. Y.-X. Chen (2009). *Chem. Rev.*, **109**, 5157.
38) S. Kaita et al. (2003). *Macromol. Rapid Commun.*, **24**, 179.
39) C. W. Bielawski et al. (2007). *Prog. Polym. Sci.*, **32**, 1.
40) M. Ouchi et al. (2009). *Chem. Rev.*, **109**, 4963.
41) L. Bateman et al. (1963). *The Chemistry and Physics of Rubber-Like Substances*, L. Bateman ed., Maclaren, London, Ch. 15.
42) P. Phinyocheep (2014). *Chemistry, Manufacture and Applications of Natural Rubber*, S. Kohjiya et al. eds., Woodhead/Elsevier, Oxford, Ch. 3.
43) A. S. Hashim et al. (1993). *Kautsch. Gummi Kunstst.*, **46**, 208.
44) P. Theato et al. eds. (2012). *Functional Polymers by Post-Polymerization Modification-*

Concepts: *Guidelines and Applications*, Wiley-VCH, Weinheim.
45) J. E. Mark, S-J. Pan (1982). *Macromol. Rapid Commun.*, **3**, 681.
46) S. Kohjiya et al. (2000). *Rubber Chem. Technol.*, **73**, 534.
47) A. Tohsan et al. (2014). *Chemistry, Manufacture and Applications of Natural Rubber*, S. Kohjiya et al. eds., Woodhead/Elsevier, Oxford, Ch. 6.
48) S. Kohjiya et al. (2001). *Rubber Chem. Technol.*, **74**, 16.
49) S. Poompradub et al. (2005). *Chem. Lett.*, **43**, 672.
50) Y. Ikeda et al. (2008). *J. Sol-Gel Sci. Technol.*, **45**, 299.
51) E. Miloskovska et al. (2015). *Macromolecules*, **48**, 1093.
52) K. Yoshikai et al. (2002). *J. Appl. Polym. Sci.*, **85**, 2053.
53) A. Tohsan et al. (2012). *Polym. Adv. Tech.*, **23**, 1335.
54) A. Tohsan et al. (2015). *Colloid Polym. Sci.*, **293**, 2083.
55) Y. Ikeda et al. (2014). *Colloid Polym. Sci.*, **292**, 567.
56) S. Wolff (1977). *Kautsch. Gummi Kunstst.*, **30**, 516.
57) A. S. Hashim et al. (1998). *Rubber Chem. Technol.*, **71**, 289.
58) A. S. Hashim et al. (1995). *Polym. Inter.*, **38**, 111.
59) C. Goodyear (1855). *Gum-Elastic and Its Varieties: with a Detailed Account of Its Application and Uses and of the Discovery of Vulcanization*, Published for the author, New Haven.
60) A. Y. Coran (1983). *Chemtech.*, **13**, 106.
61) C. O. Weber (1902). *The Chemistry of India Rubber: Including the Outline of a Theory on Vulcanisation*, Charles Griffin & Co., London.
62) G. Oenslager (1933). *Ind. Eng. Chem.*, **25**, 232.
63) 池田裕子ら (2015). 化学, **70**(6), 19.
64) T. クーン著, 中山 茂訳 (1971). 科学革命の構造, みすず書房.
65) D. J. Elliott (1979). *Developments in Rubber Technology* Vol. 1, A. Whelan et al. eds., Applied Science Pub., London, pp. 1-44.
66) A. Y. Coran (1994). *Science and Technology of Rubber*, 2nd ed., J. E. Mark et al. eds., Academic Press, San Diego, Ch. 7.
67) Y. Ikeda et al. (2009). *Macromolecules*, **42**, 2741.
68) P. R. Dluzneski (2001). *Rubber Chem. Technol.*, **74**, 451.
69) 鞠谷信三 (1976). 日本ゴム協会誌, **49**, 459.
70) P. Tangboriboonrat et al. (2003). *Colloid Polym. Sci.*, **282**, 177.
71) Y. Matoba et al. (2002). *Solid State Ionics*, **147**, 403.
72) S. Yamashita et al. (1985). *Makromol. Chem.*, **186**, 1373.
73) 浦山健治ら (1995). 日本ゴム協会誌, **68**, 814.
74) S. Kohjiya et al. (1997). *Kautsch. Gummi Kunstst.*, **50**, 868.
75) A. Kidera et al. (1997). *Polym. Bull.*, **38**, 461.
76) K. Urayama et al. (1997). *J. Chem. Soc., Faraday Trans.*, **93**, 3689.
77) 鞠谷信三 (1995). ゴム材料科学序論, 日本バルカー工業, 東京.
78) S. R. Elliott (1990). *Physics of Amorphous Materials*, 2nd ed., Longman, Harlow.
79) P. H. Geil (1963). *Polymer Single Crystals*, Interscience Publishers, New York.

80) 小野木重治（1982）．化学者のためのレオロジー，化学同人，京都．
81) 田中文彦（2013）．高分子系のソフトマター物理学，培風館，東京．
82) M. L. Williams et al. (1955). *J. Am. Chem. Soc.*, **77**, 3701.
83) M. L. Williams (1955). *J. Phys. Chem.*, **59**, 95.
84) J. E. Catsiff et al. (1955). *J. Colloid Sci.*, **10**, 375.
85) 松岡畯朗（1995）．高分子の緩和現象－理論，実験とコンピュータでみる工学的性質の基礎，講談社サイエンティフィク，東京．
86) S. Onogi et al. (1970). *Macromolecules*, **3**, 109.
87) K. H. Meyer et al. (1935). *Helv. Chim. Acta*, **18**, 570.
88) ラシブルック著，久保昌二ら訳（1955）．統計力学：理論と応用のてびき，白水社，東京．
89) 原島 鮮（1978）．熱力学・統計力学，改訂版，培風館，東京．
90) P. J. フローリ著，岡 小天ら訳（1955）．高分子化学，丸善，東京，第 11 章．
91) F. ビュッケ著，村上謙吉ら訳（1972）．高分子の物性，朝倉書店，東京．
92) L. R. G. Treloar (1975). *The Physics of Rubber Elasticity*, 3rd ed., Clarendon, Oxford.
93) 瀧川敏算（2014）．新講座・レオロジー，日本レオロジー学会編，日本レオロジー学会，京都，第 2 章．
94) 久保亮五（1947）．ゴム弾性，河出書房，東京．［1996 年に復刻版が裳華房から出版された．］
95) 鞠谷信三（2000）．ゴムの事典，奥山通夫ら編，朝倉書店，東京，第 1 章．
96) こうじや信三（2015）．日本ゴム協会誌，**88**, 18 & 93.
97) 和田 武（1987）．化学史研究，No. 1, 16 & No. 2, 49.
98) 田中 穆（1992）．化学史研究，**19**, 172 & 247.
99) 古川 安（1993）．化学史研究，**20**, 1.
100) H. スタウディンガー著，小林義郎訳（1966）．研究回顧：高分子への道，岩波書店，東京．
101) J. R. Katz (1925). *Naturwissenschaften*, **13**, 410 & 900.
102) K. H. Meyer et al. (1928). *Ber.*, **61**, 1939.
103) K. H. Meyer et al. (1930). *Der Aufbau der Hochpolymeren Organischen Naturstoffes*, Akad. Verlag, Leipzig.
104) H. Mark et al. eds. (1940). *Collected Papers of Wallace Hume Carothers on the High Polymeric Substances*, Interscience, New York.
105) Y. Furukawa (1998). *Inventing Polymer Science*, Univ. of Pennsylvania Press, Philadelphia.
106) W. Kuhn (1930). *Ber.*, **63**, 1503.
107) W. Kuhn (1934). *Kolloid Z.*, **68**, 2.
108) W. Kuhn (1936). *Kolloid Z.*, **76**, 258.
109) 鞠谷信三（2007）．高分子，**56**, 12.
110) 湯浅光朝（1950）．科学文化史年表，中央公論社，東京．
111) G. Saccomadi et al. eds. (2004). *Mechanics and Thermomechanics of Rubberlike Solids*, Springer, Wien.
112) O. Kratky et al. (1949). *Recl. Trav. Chim. Pays-Bas*, **68**, 1106.
113) H. Yamakawa (1997). *Helical Wormlike Chains in Polymer Solutions*, Springer, Berlin.
114) M. V. Volkenstein (1951). *Doklady Acad. Nauk S. S. S. R.*, **78**, 879.
115) P. J. フローリー著，安部明廣訳（1971）．鎖状分子の統計力学，培風館，東京．

116) B. Erman et al. (1997). *Structures and Properties of Rubberlike Networks*, Oxford Univ. Press, Oxford.
117) B. Erman (2004). *Mechanics and Thermomechanics of Rubberlike Solids*, G. Saccomadi, R. W. Ogden eds., Springer, Wien, pp. 63-89.
118) K. J. Smith, Jr. et al. (1964). *Kolloid Z. & Z.*, **194**, 49. [Kuhnの文献94, 107, 108と同じ雑誌で, 誌名のコロイドにポリマーが追加された. 現在は誌名 *Colloid and Polymer Science* となり, 英文誌（独・仏文も可）になっている.]

〈コラム〉
1) C. Slack (2002). *Noble Obsession: Charles Goodyear, Thomas Hancock, and the Race to Unlock the Greatest Industrial Secret of the Nineteenth Century*, Hyperion, New York.
2) B. N. Zimmerman ed. (1989). *Vignettes from the International Rubber Science Hall of Fame* (1958-1988)*: 36 Major Contributors to Rubber Science*, Rubber Division, Akron. pp. 170-177.

3 ゴム・エラストマーの材料科学

3.1 材料の物性

　材料の示すさまざまな性質は物理的性質（物性）と化学的性質に分類される．生体材料（biomaterial）では，さらに生物学的性質が加わる．一般的には材料は安定であること，言い換えると化学・生化学的には不活性であることが要求されるから，材料科学は物性物理学をベースとした技術学（工学）と理解されてきた．しかし，化学反応性を利用した高機能性材料や，生物学的・生化学的活性をもつバイオアクティブ材料の研究が活発に行われる現在，それら材料の開発研究は，材料科学の新たな発展に向けての大きな推進力となっている．本章では，ゴム材料物性の考え方について現時点でのまとめを行うとともに，新規材料開発のための科学的基盤の理解を深める目的で，新材料への展開に必要とされる材料の特性化手法の実例について概説する．なお，市販されている各種ゴムについての一般的な性質一覧を付録の表に示したので，随時参照をお願いする．

3.1.1　力学物性

　材料に要求されている有用性を発揮させるうえで基本となるのはその物性であるため，材料科学＝材料物性学が一般的な認識であった．諸物性のなかでも最も重要視されたのは力学物性（mechanical property）であった．「あった」というより力学物性の基本的な重要性は今も変わっていない．開発された新材料が，例えば自身の形状を保つことがなければ，いくら高度な機能性を秘めていたとしても有用なデバイスとしての利用は困難である．このような場合，機能材料を力学的に支えるための担体（carrier, stretcher, supporter）の開発も課題となる．担

体の力学物性の検討は実用化にむけて不可欠であるから，このような場合にも力学的性質の解析が必要であることは明らかである．ゴム材料の力学物性を評価するための第一歩となる一軸引張測定はゴム製品の規格（ISO や JIS）に標準規格として定められている．その実用的な重要性はいうまでもないが，規格はあくまで製品の品質管理を目的としたものであって，ゴム弾性体の一軸変形挙動を科学的に解明する点では，規格の測定条件は熱力学的な考察の前提である準静的条件からかけ離れていることに留意すべきである．

統計熱力学の研究で世界的に著名な久保亮五は，若き時代の初めての著書である『ゴム弾性』（復刻版が1996年に裳華房から出版されている）に，

「ゴムの実験をやるにはいろんな条件をはっきり与えておかないと，学問的な資料としての価値に乏しくなる．応用的な立場からの物理的性質についての試験の資料は実に膨大であるが，物性論的な考察の基礎になるものが案外少ないことは残念である．」

と記している．この忠告がいまだ十分には生かされていない現実がある．ゴム関係の研究者・技術者が再度確認しておくべき貴重な忠告である．

いずれにせよ，ゴムの変形における大きな伸びを実感することは重要で，既存のテキスト[1~3]により一軸引張測定の学習と実測は体験しておくべきである．以下，力学物性の解析を進めるために，多軸（基本は二軸）変形実験（multi-axial tensile measurement）と動的力学的測定（dynamic mechanical measurement）について解説する．

(1) 多軸引張測定

図3.1に従来からの一軸変形と，二軸変形がカバーする（以下に述べるゴムの非圧縮性の条件下の）変形領域を斜線部で示す[4]．この図の X 軸と Y 軸については以下の説明（式 (3.2), (3.3), (3.6) および (3.10)）を参照いただきたい．

図に示すように二軸変形には，一軸拘束二軸（pure shear），等二軸（equi-biaxial）と完全二軸（general biaxial）変形がある．一軸伸長と等二軸は変形範囲では端をトレースしているだけである．クロス斜線をほどこした全変形領域をカバーするためには，完全二軸測定を実施しなければならない．ここで，一軸拘束二軸は（Z 軸はフリーで）Y 軸を一定値に保持して X 軸を変化させるモード，等二軸は変形軸 X, Y 軸（Z 軸はフリー）の変形量が等しく，完全二軸では両者

3.1 材料の物性

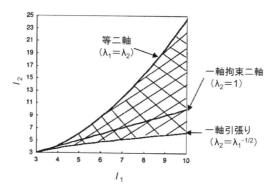

図3.1 ゴム・エラストマーにおける物理的に可能な変形領域（斜線部）[4]

を独立に変化させる（独立二軸ともいわれる）．シールやパッキングゴムの物性評価に必須の一軸圧縮試験は，Z軸のみを変化させる一軸変形にみえるが，等二軸変形の一種とみるのが妥当である．ゴムが使用される条件下では多軸変形を受けるのが普通であり，ゴムの力学的挙動を明らかにするうえで完全二軸変形の必要性は明白だが，大がかりでかつ精密な装置が必要なこともあって，タイヤ関係など一部での普及に留まっている．完全二軸がどうしても実施困難である場合の次善の策は，一軸拘束二軸測定との意見もある．確かに，この場合は変形領域の中でも端ではなく，中心部をトレースしているからである．実験的には，大変形に適切に対応できるチャックによるゴム試料の取付けが，二軸測定では一軸以上に，いまだに問題点である．

二軸変形挙動は現象論的ゴム弾性論により解析するのが便利である[5～9]．ゴム試料の変形によって試料に弾性エネルギーが蓄えられるので，それをひずみエネルギー密度関数 W で表すことにしよう．

$$W = W(I_1, I_2, I_3) \tag{3.1}$$

ここで，関数 W はグリーンの不変ひずみテンソル I_i （$i = 1, 2, 3$）の関数である．「不変」とは座標軸の取り方に依存せず，座標軸を変えても「変化しない」の意味である．それらの定義は

$$I_1 = \lambda_1^2 + \lambda_2^2 + \lambda_3^2 \tag{3.2}$$

$$I_2 = \lambda_1^2 \lambda_2^2 + \lambda_2^2 \lambda_3^2 + \lambda_3^2 \lambda_1^2 \tag{3.3}$$

$$I_3 = \lambda_1^2 \lambda_2^2 \lambda_3^2 \tag{3.4}$$

ここで，λ_i ($i=1,2,3$) は主座標軸における変形比で，i 軸方向の試料の元のひずみを R_{0i} とし，変形後のそれを R_i とすると $\lambda_i = R_i/R_{0i}$ である．ゴムはポアソン比が0.5で非圧縮性（incompressive）で体積は変化しないから

$$I_3 = (\lambda_1 \lambda_2 \lambda_3)^2 = 1 \tag{3.5}$$

となり，結局，式 (3.1) は

$$W = W(I_1, I_2) \tag{3.6}$$

と，より簡単な式に帰着する．この W は現象論的に (I_1-3) と (I_2-3) の関数として次の多項式で与えられる．

$$W(I_1, I_2) = \sum_{i,j=1}^{\infty} C_{ij} (I_1-3)^i (I_2-3)^j \tag{3.7}$$

ここで変形前のひずみをゼロ $(I_1=I_2=3)$ とするために $C_{00}=0$ とする．一軸引張ではなく，二軸測定実験によって式 (3.7) の係数 C_{ij} を決定してやれば，計算によってゴムの変形挙動がすべて記述されることになる．

これが現象論的取扱いであり，したがって正確な二軸測定実験を行って，その実験結果を再現する係数を決定すれば，一軸引張を含めて圧縮，せん断，その他の変形挙動が計算できることになる．力学測定で実験的に検出されるのは普通，エネルギーではなく応力である．応力はエネルギーをひずみで1次微分すれば得られるから，実測値との比較・対応に必要とされるのは $\partial W/\partial I_i$ $(i=1,2)$ である．すなわち，古典的弾性論では，次式を用いることになる[8]．

$$\frac{\partial W}{\partial I_1} = \beta \left(\frac{\lambda_1^3 \sigma_1}{\lambda_1^2 - (\lambda_1 \lambda_2)^{-2}} - \frac{\lambda_2^3 \sigma_2}{\lambda_2^2 - (\lambda_1 \lambda_2)^{-2}} \right) \tag{3.8}$$

$$\frac{\partial W}{\partial I_2} = -\beta \left(\frac{\lambda_1 \sigma_1}{\lambda_1^2 - (\lambda_1 \lambda_2)^{-2}} - \frac{\lambda_2 \sigma_2}{\lambda_2^2 - (\lambda_1 \lambda_2)^{-2}} \right) \tag{3.9}$$

ここで，$\beta = 1/2(\lambda_1^2 - \lambda_2^2)$ である（$\sigma_1, \sigma_2 : i=1,2$ 軸方向の応力）．

実験値との対応から，計算上不変ひずみテンソルとユークリッド空間の X, Y 軸（非圧縮性から独立なのは二軸）の関係を用いて

$$W = W(\lambda_x, \lambda_y) \tag{3.10}$$

とする．この W の関数形が決まれば，W のひずみ微分量として応力が計算される．すなわち，任意の変形での応力-ひずみ関係がわかることになる．末端架橋

3.1 材料の物性　　　61

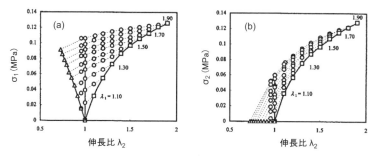

図 3.2　末端架橋ポリジメチルシロキサンの完全二軸伸長下での応力-伸長比関係[8]

ポリジメチルシロキサン（架橋シリコーンゴム）を試料として得られた結果の一例を図3.2に示す．σ_1, σ_2は試料に印加されたひずみ大小方向の応力である．ここで，破線は同じλ_1でのデータをトレースするためのガイドであり，三角印は一軸，四角は等二軸の結果で，両者は変形領域の端に位置している．垂直の実線は一軸拘束二軸のデータであり，領域の中心部にあることがわかる．領域のすべてをカバーするために，完全二軸測定の必要性が確認できる．

当面はこのような完全二軸変形実験を行って，個々の試料についてWの関数形を決めてやることが課題である．ゴムの力学においても有限要素法（finite element method：FEM）によるシミュレーションが盛んに行われているが，その精度はWの関数形に依存している．ゴム弾性体に一般的な関数形はまだ提案されていないので，当面は実験データから帰納的に決定することになる．その実例が蓄積されれば，将来的にはゴム一般の関数形が確定して，応力が演繹的に計算される．さらに，いくつかの最近のゴム弾性論のモデルと二軸変形の実験結果との対応から，それらモデルの適合性が議論され[11~13]，シリカ充てんゴムの結果もある[14]．繰り返しになるが，図3.2において，一軸伸長データは三角印で示されている．一軸変形の結果のみからゴムの力学的挙動「全体」を推論するのは「木を見て森を見ない」典型例というべきである．これに関連して，ゴムの研究者の間で従来よく用いられてまたムーニー-リブリン式（Mooney-Rivlin plot）[15]の危うさについて，浦山[16]が適切な警告を発している．文献[1,5,6,8,17,18]とともに参照されたい．一軸変形データによるムーニー-リブリン式からは，パラメータとしてC_1, C_2が得られる（ことになっている）．C_1のみを議論するのは（古典ゴ

ム弾性論による架橋密度計算法の1つとして）無害であるかもしれない．他方，C_2 は定数とみなされ，その物理的意味について，数十年にわたって関係者の間で議論が繰り返されてきた（ゴム関係で最も活発に討論されたトピックといえる．2.4.3項にその実例を1つ指摘した[19]）．現在では C_2 項に理論的根拠は存在しないとみられており，議論には終止符が打たれている．

また，ゴム試料が伸長結晶化（3.4.2, 3.4.3項参照）する（例えば天然ゴム（NR）の）場合に，等二軸伸長下で結晶化を報告した研究がある[20]．二軸変形下ではゴム分子鎖の一軸配向は困難であるから伸長結晶化は普通無視されるので，もし事実であれば二軸変形下でも伸長結晶化の影響を考察しなければならない．しかし，その研究で用いられた NR 試料は十字形のもので固定つかみ部は4か所のみで，試料の変形後つかみ治具近くでは実質的に一軸伸長でしかない．写真から，その部分の局部的な伸びは恐らく 400％ を越えている．中心部ではまったく結晶化していないので，二軸方向からの応力が実際に作用していれば伸長結晶化は起こっていない．つまり，実験的には四角形の試料で治具の試料つかみ部の数が十分多ければ結晶化は起こりえなかった．多軸変形の実験的研究においては試料形状（二軸に十字形試料は問題外である）とつかみ方が問題点であることを，改めて示している．またその工夫をしても，二軸で 300％ を大きく越える変形には実験的に無理がある．文献[20]の二軸変形では十字形のつかみ治具まわりのローカルな試料変形はコントロールできておらず，意味のあるデータではない．あるいは SIC（3.4.2項参照）の結果から逆に，その部分が局部的に 400％ 以上の変形下にあることを示唆している（3.4.2項参照）と解釈できる．多軸変形の測定において試料形状の効果は複雑なものとならざるをえないが，実用面からもっと系統的な研究が必要なのかもしれない．ほかにも，完全二軸変形下のポリマーゲル（溶媒を含んで膨潤した架橋体）における応力低下の機構を解析した研究[21]など，ゴム以外のソフトマテリアルも検討対象になりつつあり，二軸変形測定の有用性はさらに広がっていくことが予想される．

（2）動的力学的測定

動的力学的測定（dynamic mechanical analysis：DMA）は応力と変形量の測定を，温度あるいは時間（周波数）の関数として記録するもので，一軸引張試験と比較して格段に豊富な力学的情報が得られる．その最大の理由は，ゴムは弾

性体ではあるが，ポリマーとして必然的に粘性（viscosity）を示す．そして，ゴムのユニークな物性は，弾性体であるにとどまらず粘性体であることにも負っている．すなわち，ゴムの利用にあたってはレオロジー（rheology）の課題である粘弾性（viscoelastic property）を明らかにしなければならず，DMA はそのための測定法であるからだ．ゴムの動的測定は決して最近のものではなく，例えば架橋 NR についての Ferry らの一連の研究は半世紀前の 1963 年に報告されており[22]，同じ著者によるポリマーの粘弾性に関する書は第 3 版が 1980 年に発行されている[23]．測定範囲を幅広く設定するためには温度分散（温度を変化させた測定）が有利で，測定装置として温度可変（液体窒素を用い，$-150°C$ から高温側は二百数十℃まで）で，測定周波数もある範囲で選択可能なものが開発されている．現在ではゴム関係研究室で引張試験機に次いで普及している測定機器であろう．一軸引張試験を第一歩として，研究と開発における力学特性評価の重点を動的測定に向けるべきである．

得られる測定値は，複素弾性率（complex modulus，動的弾性率 dynamic modulus ともいう）の実数部（E' or G'），虚数部（E'' or G''），あるいは弾性率の逆数であるコンプライアンス（compliance）の実数部（J'），虚数部（J''），および位相の遅れを示す損失正接（loss tangent, $\tan\partial$）である．ここで実数部は弾性の，虚数部は粘性の動的弾性への寄与を表している．例えば E', E'', $\tan\partial$ の間には次の関係がある．

$$E^* = E' + iE'' \tag{3.11}$$

$$E' = E^* \sin\partial \tag{3.12}$$

$$E'' = E^* \cos\partial \tag{3.13}$$

$$\tan\partial = E''/E' \tag{3.14}$$

同様の関係は G^*, J^* についても成立する．ここで，E^* は複素引張弾性率，G^* は複素せん断弾性率，J^* は複素コンプライアンスである（演習：J^* の場合について同様の式を書き出してみよう）．これらの関係式から例えば E', E'', $\tan\partial$ のうちの 2 つが独立で，二者を測定すれば，もう 1 つは計算できる．式（3.14）によれば損失正接は弾性項と粘性項の比であり，動的力学的測定が優れている点の 1 つは相対的な粘性項の大きさを評価する損失が，温度あるいは周波数の関数として得られることである．ゴムはゴム弾性体としての用途だけではなく，振動関係

デバイスにおいても主要素材の1つであるから，動的測定の結果はゴム製品設計に必須のデータとなる．コラム3の免震ゴムがその例であるが，制振あるいは防振（防音）用途でもゴムは貴重な材料である．前節で二軸測定に用いた架橋シリコーンゴムで意図的に不規則網目を導入したモデル架橋系を試料として用い，振動減衰の挙動を解析し-30℃から$+150$℃の広い温度範囲で$\tan\partial=0.3$でほぼ一定となることが報告されている[24]．制振デバイスの設計に有用な結果であろう．

数ある有機材料のなかでもゴムは耐熱性が最大の弱点であるから，摩擦などに伴う発熱と関係する$\tan\partial$の評価と解釈はゴムにとって基本的かつ実用上も重要なパラメータであり，タイヤなどほとんどのゴム製品の設計に必須である．例えば，自動車に重要な特性の1つに走行中にブレーキを踏んだ際に，車輪が停止した状態でも直ちには停車せず車体が（滑って）走行するスキッド（skid）と呼ばれる現象がある．安全運転の観点から車の移動距離を最小限にとどめるためには，タイヤのスキッド抵抗（skid resistance）が大きいほどよい．この性能は安全性の点から雨中での走行時に特に要求され（wet skid resistance），タイヤの接地面となるトレッド部の工夫が決め手となる．実験的に10 Hzで測定されたトレッドゴムの損失正接のピーク温度はウェットスキッド抵抗と相関していることが報告されている[25]（図3.3）．

損失正接のピーク温度は一般的には熱的測定（例えばDSC）により得られる

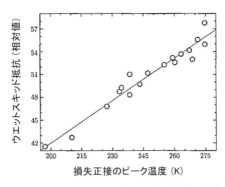

図3.3 ウェットスキッド抵抗（相対値）の損失正接ピーク温度依存性[25]．18種のトレッドゴム配合物の架橋体を試料とした．ゴムは乳化重合SBR，溶液重合SBR, EPDM, CIIRの4種．

ガラス転移温度 T_g に近い．しかし，ここでのピーク温度のすべてを T_g と同定すべきかどうか，またスキッド中のゴムの変形周期が 10 Hz であるかどうか確実ではない．後者について Roland[26] はもっと高周波数側ではないかと述べている．しかし，ウェットスキッド抵抗のように複雑ではあるが実用上重要な性質が動的損失と何らかの相関を有していることは明らかであり，動的力学的性質はゴム関係科学者・技術者がレオロジー関係の書によって注意深く学習すべき項目の1つである[23, 26〜28]．

3.1.2 熱物性

熱的な物性を評価するための熱分析について国際熱分析連合は「一定プログラムで，物質（その反応生成物をも含む）の温度を変化させながら，その物質のある物理的性質を温度あるいは時間の関数として測定する一連の技法の総称」と定義している．表 3.1 に主要な熱分析法を示した[29]．

注目する物性で上から2つは物質の基本的な量である質量と体積の変化に着目している．第1に，重量の変化に関しては，無機フィラー充てんゴムの無機成分

表 3.1 主要な熱分析法[29]

注目する物性	測定される内部エネルギー密度 (w, q)	方法	関連する特別な方法
質量（重量）	—	熱重量分析 (TGA or TG)	TG-MS, TG-FTIR, TG-DSC
体積膨張係数または線膨張係数	—	熱膨張率測定	
誘電率または電気伝導率（一般的には電束と電場との関係）	$dw = EdD$ or $dw = \Phi dp$ E=電場, D=電束, Φ=電位, p=電荷密度	誘電熱測定（DETA）	熱刺激脱分極電流測定
透磁率（一般には磁束と磁場の関係）	$dw = HdB$ H=磁場, B=磁束	熱磁気測定 (thermomagnetmetry)	
弾性係数（一般的には機械的応力と歪の関係）	$dw = (1/2) Tr[\sigma(\lambda^\top) - 1d(\lambda^\top \lambda)\lambda - 1]$ σ=応力テンソル, Tr=対角和 λ=変形勾配テンソル, $^\top$=転置	熱機械分析（TMA），動的機械分析（DMA）	
比熱，潜熱	$dq = Tds$ T=絶対温度 s=エントロピー密度	示差熱分析（DTA），示差走査熱量測定（DSC）	温度変調 DSC

MS：質量分析，FTIR：フーリエ変換赤外線分光分析．

の定量に熱重量分析（TG）が多用され，また，他の多くの分析法と組み合わせて同時測定の手法が開発されている．例えば，示差走査熱量計（DSC）と組み合わせる TG-DSC のほか質量分析（MS）を接続した TG-MS や，フーリエ赤外分光（FT-IR）と組み合わせた TG-FTIR などはすでに汎用の域にある．これらは加硫ゴム製品，ゴム配合物（ゴムとゴムブレンドに各種試薬，フィラー，添加剤を混合した未加硫物）などの分析に強力な武器となっている．第2に，体積変化に関しては，非圧縮性であるゴムにとって適用例が少ない．しかし，その利用を検討することも科学的には重要であろう．薄膜についての例[30]が報告されている．第3，4は導電性ゴムやフィラー充てんゴムについての例が多数あり，他の手法では得られない貴重な結果が得られる場合も多い．第5は力学物性に焦点を置くもので，前節の複素弾性率の温度分散測定はこの分類に入る．最後は熱量測定で，TG と組み合わせた測定（TG-DSC，TG-DTA）が，温度変化をさらに詳細に検討するために必須の手法となっている．熱測定の手法は，他の分析法との組み合わせを含めてまだまだ発展することが期待される．これら熱分析法については多くの成書がある[29,31~33]．ここでは，ゴム科学にとって重要あるいはユニークな手法・結果を紹介する．

(1) カーボンブラック充てん加硫天然ゴムの線膨張係数

カーボンブラック（CB）充てん加硫ゴムは，タイヤを含め多くのゴム製品に最も使用されている重要な系である．なかでも CB 充てん天然ゴム（NR）は，タイヤ，ゴムベルトなど産業用途で広く使用され工業材料として広く用いられている．加硫ゴム試料が熱膨張する割合（$L(\%) = 100(\Delta l/l)$, l：初期の長さ, Δl：温度変化による長さ変化）を検討した結果を概説する[34~37]．

図 3.4(a) は窒素雰囲気における，CB 充てん加硫 NR の熱膨張割合（L）の温度（T）依存性である．L は低温から 348 K までほぼ直線的に増加し，348 K より高温側では依存性が非線形となり，L が最大値をもったり一定値に飽和していく傾向があった．また，CB 充てん量が 0~20 phr と 30~80 phr の領域を比較すると，前者の L の T 依存性の勾配，すなわち，前者の線膨張係数（coefficient of thermal expansion：CTE）の方が後者のものより顕著に大きい．この結果は CB 充てん量 30 phr 以上では，ゴムマトリックス中に後述する CB ネットワークが形成されて，これが CTE の増加を抑制することを示唆している．JIS B2410

3.1 材料の物性

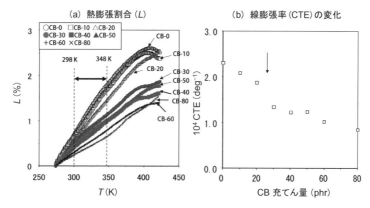

図3.4 窒素雰囲気中でのCB充てん加硫NRの298 K～348 Kにおける熱膨張.
(a) 熱膨張割合（L）[35]，(b) 熱膨張係数（CTE）の変化[36,37]

によれば加硫NRの耐熱限界温度は353 K（80℃）であることから，高温領域でLのT依存性が非線形になるのは熱劣化が始まり，熱膨張により伸び変形した3次元網目鎖の部分的な切断により網目の収縮効果が競合するためと推定される．298 K～348 Kの温度領域からCTEを計算し，図3.4(b)に示す．CB充てん加硫NRの熱膨張係数（CTE）のCB充てん量依存性を示している．CB充てん量が20～30 phrの領域でCTEが階段状に変化しているのは，CBネットワーク形成に関係する構造相転移（structural phase transition）が観測されたものと推定している[35,38]．

(2) カーボンブラック充てん加硫天然ゴムの熱安定性

ゴムマトリックス中に形成されたCB凝集体からなるCBネットワークの熱的な再配列や崩壊を，体積抵抗率測定や3次元透過型電子顕微鏡（3D-TEM）を用いて検討した．その際に，ゴムマトリックスの熱劣化や熱分解を伴わない範囲での適切な熱処理条件（温度，雰囲気など）の設定に留意した[35,38]．CB-0（CB充てん量0 phrの加硫NR）～CB-80（CB充てん量80 phrの加硫NR）試料を用いて，窒素雰囲気下，昇温速度は10℃/分でDSCにより熱流量測定を行った．図3.5(a)は試料1 gあたりの熱流量の温度依存性を示す．CB充てん量の増加に伴い，熱流量が増加し，また，すべての試料に共通して約200 K付近にNRのガラス転移点，約480 KにNRの熱分解点が観測された．最適熱処理温度としては，

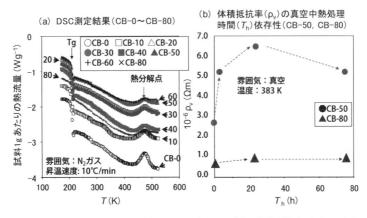

図 3.5 CB 充てん加硫 NR の (a) DSC 測定結果, (b) 体積抵抗率 (ρ_v) の真空中熱処理時間 (T_h) 依存性.

熱分解や熱劣化を起さない範囲で可能な限り高温が望まれる. 雰囲気として N_2 のような不活性ガスが望ましいが, 高温で長時間, 大量の試料を熱処理するのは実験的に困難である. そこで熱処理条件として, 真空中, 383 K (110℃) を選び, 試料に CB-50(CB 充てん量 50 phr の加硫 NR) と CB-80 を使用した. 図 3.5(b) は, 真空下, 熱処理温度 383 K における CB-50 と CB-80 の体積抵抗率 (ρ_v) の熱処理時間 (T_h) 依存性である. CB-50 の熱処理時間を 24 時間まで増加するに伴い ρ_v が急速に増加し, 24 時間より長時間では ρ_v はほぼ一定もしくはやや減少した. これに対し, CB-80 の ρ_v は, 熱処理時間にほとんど依存せずほぼ一定値を保持した. これらの結果から, 導電性の電気的ネットワーク, すなわち, CB ネットワークの熱安定性は CB-80 ≫ CB-50 であることがわかった[35, 38].

熱処理前後の両試料について, 4.1.3 項に述べる 3D-TEM 測定結果から CB ネットワーク構造の解析を行い得られた結果を表 3.2 に示す. CB-50, CB-80 両試料の 3D-TEM 像と可視化されたネットワーク構造は, 文献[35, 38]を参照のこと. 3D-TEM 像から両試料に共通して, 熱処理により CB ネットワークは完全には分断されず孤立した鎖も存在しないことや, CB ネットワークが部分的に崩壊して, 鎖の粗密差が顕著になることが示唆された. 熱処理前後の CB ネットワーク構造を定量的に比較するため, 架橋鎖と分岐鎖の平均長 (L_{cross}, L_{branch}), 架橋点の数密度 (D_{cross}), 分岐点の数密度 (D_{branch}), 架橋鎖の分率 (F_{cross}), ならびに,

3.1 材料の物性

表3.2 3D-TEM像の画像解析から得られたCB-50とCB-80中のCBネットワークの特性: 383 K, 75時間の熱処理による変化[35]

試料		L_{cross}*1 (nm)	L_{branch}*2 (nm)	D_{cross}*3 (nm^{-3})	D_{branch}*4 (nm^{-3})	F_{cross}*5	F_{branch}*6
CB-50	未処理	40	82	8.0×10^{-6}	6.7×10^{-7}	0.94	0.06
	熱処理	23	42	2.0×10^{-5}	1.1×10^{-5}	0.68	0.32
CB-80	未処理	39	110	1.7×10^{-5}	3.1×10^{-6}	0.88	0.12
	熱処理	22	46	3.0×10^{-5}	1.7×10^{-5}	0.67	0.33

*1,2: CBネットワーク架橋鎖と分岐鎖の平均長 ($L_{\text{cross}}, L_{\text{branch}}$).
*3,4: 架橋点と分岐点の数密度 ($D_{\text{cross}}, D_{\text{branch}}$).
*5,6: 架橋鎖と分岐鎖の分率 ($F_{\text{cross}}, F_{\text{branch}}$).

分岐鎖の分率 (F_{branch}) を求めた. なお, $D_{\text{cross}}, D_{\text{branch}}, F_{\text{cross}}$, ならびに, F_{branch} を下記のように定義した.

$$D_{\text{cross}} = \frac{N.Nd}{TV} \tag{3.15}$$

$$D_{\text{branch}} = \frac{N.Tm}{TV} \tag{3.16}$$

TV: 3D-TEM視野体積, $N.Nd$: 架橋点の数, $N.Tm$: 分岐点の数

$$F_{\text{cross}} = \frac{N.NdNd}{N.NdNd + N.NdTm} \tag{3.17}$$

$$F_{\text{branch}} = \frac{N.NdTm}{N.NdNd + N.NdTm} \tag{3.18}$$

$N.NdNd$: 架橋鎖の数, $N.NdTm$: 分岐鎖の数

CB-50とCB-80におけるCBネットワークのこれら特性が表3.2に示されている. これらの未処理試料と熱処理試料を比較すると, 熱処理後に, L_{cross} と L_{branch} は減少し, それぞれほぼ同じ長さになるとともに, D_{cross} は若干増減し, 両試料の D_{cross} はほぼ同じ値に近づくように見える. 熱処理CB-50の D_{branch} は増加するのに対して, 熱処理CB-80の D_{branch} はほとんど同じである. これらの結果は, CB-80に比べて, CB-50の方が熱処理よるCBネットワーク鎖の再配列や生成消滅が起こりやすいことを示唆する. また, 熱処理後, 両試料の F_{cross} が減少するのに対して, F_{branch} が増加する傾向が認められた. この結果は, 熱処理によりCBネットワークの鎖の構成割合が変化することを示す. 特に, 熱処理前後では, CB-80に比べてCB-50の F_{branch} の増加量の方が大きいのに対し

て，CB-50 と CB-80 の F_{cross} 減少量はほぼ同じである．さらに，熱処理 CB-50 の F_{cross} と F_{branch} は熱処理 CB-80 の値とほぼ同じで，それぞれ，F_{cross} = 約 0.7 と F_{branch} = 約 0.3 である．このことは，CB-50 に比べて，CB-80 における CB ネットワークの方が熱的に安定であり，熱処理後に両試料の F_{cross} と F_{branch} とほぼ同じ値に近づくものと推察される．それから，CB ネットワーク構造は絶縁体であるゴムマトリックス中の導電経路となっており，熱処理中に CB-50 の電気的経路が著しく切断されることに対して，CB-80 はそれほど損傷を受けなかったことは，両試料の ρ_v の熱処理時間 (T_h) 依存性 (図 3.5(b)) における挙動の違いに反映されていると考えられる．

3.1.3 電気物性

ゴムを含めた高分子材料は一般に電子伝導性（electron conductivity，導電性ともいう）が低く，電気絶縁体（insulator）として用いられる．この点で導電性材料として用いられる金属と対照的である．しかし現代はエレクトロニクスの時代であり，1960 年代から世界中で導電性ポリマーの研究が活発に行われた．2000 年ノーベル化学賞を受賞した白川英樹は，ポリアセチレンの導電性を世界に先駆けて発見した高分子化学者であった．他方，導電性が低く電気絶縁材料として用いられるゴムは，そのユニークなゴム弾性を生かして例えばカーボンブラック（CB）などの導電性フィラー充てんにより，導電性のソフトコンポジット（soft composite）としての開発も行われ（3.3.1 項参照），実用化されている例も少なくない．すでに成書[39,40]も刊行されているので，興味のある方はそれらを参照いただきたい．

絶縁材料であるゴムは，物理学あるいは電磁気学の立場からは誘電体（dielectric）である．すなわち，極性の低い絶縁性ゴムであっても電気的な双極子（dipole moment）を有し，電場下では電気は流れなくとも双極子の配向（orientation）が起こり電荷の偏り，すなわち，電気分極（electric polarization）が発生する．これが誘電体である．誘電体は絶縁体ではあるが，直流電場下では電気分極により電荷のコンデンサーとして作動し，蓄電体となる．また，その交流電場印加への応答は，原子や分子レベルのダイナミクスに起因する物理化学的な挙動が反映され，高分子材料の物性研究に貴重なデータを与える[41~43]．以下，

3.1 材料の物性

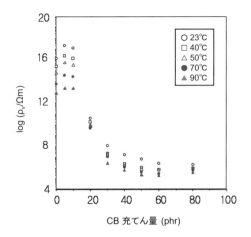

図 3.6 CB 充てん加硫天然ゴムの 23~90℃における体積
抵抗率（ρ_v）と CB 充てん量との関係[34]

ナノフィラーの一種である CB 充てん加硫ゴムの導電性および誘電特性に関して最近の研究を説明する．

(1) ナノフィラー充てん架橋ゴムの導電性

23~90℃における，CB 充てん加硫天然ゴム（NR）の体積抵抗率（ρ_v）と CB 充てん量との関係を図 3.6 に示した．まず最初に，23℃に着目すると，10 phr 以下の CB 充てん量では ρ_v がほぼ同じであるが，CB 充てん量が 10 phr より増加すると，ρ_v が急激に増加し，40 phr 以上で ρ_v がほぼ一定となる傾向が認められる．このように，ある低 CB 充てん量で急激に絶縁体から導体に変わる現象が電気的パーコレーション（electrical percolation）と呼ばれ，ρ_v が一定になった時点で伝導性回路あるいは電気的ネットワークが連結するといわれている[44]．他方，Blythe[42] は導電度の温度依存性を調べることにより，電子が障壁を飛び越える（ホッピング）機構と，トンネル効果で障壁を抜ける機構を区別できるとした．そこで，各温度における ρ_v の CB 充てん量との関係に着目すると，温度が上昇するのに伴い，ρ_v が低下することがわかる．このことは，CB 充てん加硫 NR の伝導メカニズムが活性化過程であることを示唆する．

さらに，図 3.7(a) は CB 充てん加硫 NR の導電率（$\sigma = 1/\rho_v$，ρ_v：体積抵抗率）に関するアレニウスプロットで，その結果から算出された活性化エネルギー

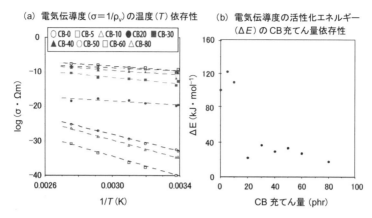

図3.7 CB充てん加硫NRの (a) 導電率 ($\sigma=1/\rho_v$, ρ_vは体積抵抗率) のアレニウスプロットと (b) 活性化エネルギー (ΔE_σ)[34]

(ΔE_σ) を図3.7(b) に示した．前者では，CB充てん量20 phr付近を境に，線形近似直線の負の勾配の大きさが顕著に変化することがわかる．これに対して後者では，CB充てん量10 phr以下で非常に大きな ΔE_σ を示すのに対して，30 phr以上ではその約1/5の ΔE_σ (20～40 kJ/mol) になっている．この値は，Jawadら[45]が報告したグラファイト化CBを45，60 phr配合したゴムの誘電緩和特性から得られた活性化エネルギーにほぼ等しい．このことは，高CB充てん領域ではCB凝集体間に電気的なネットワークが形成され，その中を電子ホッピングやトンネル効果により電子が移動することを示唆している．なお，低CB領域では，試料中を電流が流れるには，ゴム分子鎖の熱運動によって接近したCB凝集体や伝導性不純物間で電子ホッピングが起こることが必要となるため，比較的高い活性化エネルギーが観測されたものと考えられる．これらのことは20 phr付近を境に伝導機構が変化することを示唆している．それゆえ，20 phrより低いCB充てん量では，ゴムマトリックスが支配的な伝導機構であるのに対して，20 phrより高いCB充てん量領域では ΔE_σ がほぼ一定であることから，CB凝集体に由来するCBストラクチャーの連結（CBネットワーク生成）に起因する伝導機構と考えられる．

(2) 誘電緩和

高分子の誘電緩和（dielectric relaxation）[43]には，繰り返し単位やセグメント

の形，分子内の永久双極子の配置，分極率の異方性，高次の対称性を有する電荷分布の存在，ならびに，高次構造による運動拘束などが反映される．誘電緩和における Cole-Cole プロットは縦軸に ε'' を，横軸に ε' を表すプロットで，誘電緩和データを図形的に解析するときに非常に有用である．単一な緩和（緩和時間に分布がない緩和）を示す Debye 型単一緩和は下記の式で表記される[42, 43, 46]．

$$\varepsilon^* = \varepsilon' - i\varepsilon'' = \varepsilon_\infty + \frac{\varepsilon_S - \varepsilon_\infty}{1 + i\omega t} \tag{3.19}$$

ここで，ε' と ε'' は複素誘電率の貯蔵誘電率と損失誘電率，ε_∞ は電場が印加された直後に観測される誘電率（瞬間誘電率），ε_S は電場が印加されてから十分時間が経過したときの誘電率（静的誘電率）で，i, ω, t はそれぞれ虚数単位，角周波数，時間である．式（3.19）から，

$$\varepsilon' - \varepsilon_\infty = \frac{\varepsilon_S - \varepsilon_\infty}{1 + (1 + i\omega\tau)^2} \tag{3.20}$$

$$\varepsilon'' = \frac{(\varepsilon_S - \varepsilon_\infty)\omega\tau}{1 + (\omega\tau)^2} \tag{3.21}$$

ここで τ は誘電緩和時間（dielectric relaxation time）で，電場により整列した双極子がランダムな平衡状態の 1/e に戻るまでに要する時間，つまり双極子の易動度の指標である．

式（3.20）と式（3.21）から，$\omega\tau$ を消去すると，

$$\left[\varepsilon' - \frac{1}{2}(\varepsilon_S + \varepsilon_\infty)\right]^2 + (\varepsilon'')^2 = \left[\frac{1}{2}(\varepsilon_S - \varepsilon_\infty)\right]^2 \tag{3.22}$$

式（3.22）から，Debye 型単一緩和に対する Cole-Cole プロットが半円弧になることがわかる．

室温下，20 Hz～1 MHz の周波数領域における CB 充てんゴムの誘電特性（貯蔵誘電率 ε'，損失誘電率 ε''）を測定した．この ε'' と ε' のプロット，いわゆる Cole-Cole プロットを図 3.8 に示した[34, 47, 48]．図 3.8(a) において，CB 充てん量が 10 phr 以下では特筆すべきパターンが観測されず，20 phr では，円弧の一部と考えられる不完全なパターンが観測された．他方，30 phr 以上（図 3.8(b)）では，高周波数領域に円弧状のパターンが明確に観測された．また，CB が増加するほど，この円弧状パターンも大きくなった．この円弧状のパターンがある種の緩和現象に起因することから，CB が 30 phr 以上で CB 凝集体に関する特異な構造が

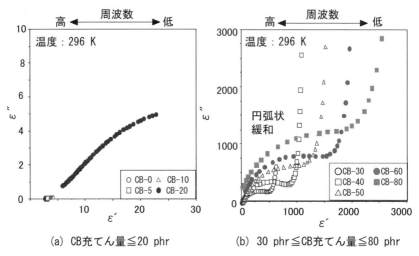

図 3.8 CB 充てん加硫 NR の Cole-Cole プロット(貯蔵誘電率(ε'')と損失誘電率(ε')とのプロット)[35]

形成され,CB の増加に伴いその構造も成長したものと推察される.この 30 phr は前述した CB ネットワーク構造が形成される CB 充てん量の閾値とほぼ対応している.なお,CB が 20 phr の場合は円弧状パターンのごく一部と考えられるが,それ以上の CB 充てん量におけるパターンに比べ非常に不完全であるため,以下の解析から除外した.ちなみに,20 Hz〜1 MHz の周波数領域では,ポリイソプレン分子鎖の末端間ベクトルの揺らぎに由来するノーマルモード(normal mode)の緩和が観測される[49].

次に,Cole-Cole プロットの解析法の詳細[44,45]に関してはここでは割愛するが,図 3.8 の 30 phr 以上で観測された円弧パターンから,実験式を用いて低周波数側の緩和成分を除去した後,幾何学的な解析により半円状緩和成分とその残りの成分を分離した.この 2 つの緩和成分(半円状緩和とその残りの緩和成分)を図 3.9 に示した.縦軸は $\Delta\varepsilon''$ は図 3.8 の ε'' 実測値から,前述した低周波数側緩和成分を除去した値である.CB 充てん量が 30 phr 以上の試料に関しては,2 つの緩和成分を分割することができる.CB 充てん量の増加に伴い,両緩和成分が増加すると同時に,高い ε' 領域(低周波数領域)側に拡張する傾向が認められる.また,4.1.3 項で述べる 3D-TEM 観察と画像解析から得られる CB ネットワークの架橋鎖・分岐鎖の分率と,Cole-Cole プロットで得られた半円状緩和・その残りの

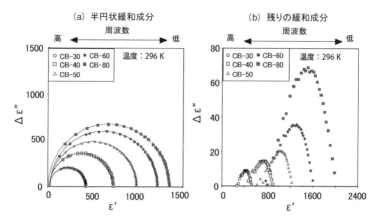

図 3.9 CB-30, 40, 50, 60, 80 における 2 つの緩和成分：半円状緩和成分と残りの緩和成分[35]

緩和成分の緩和強度の分率との間に線形関係が認められた[34,47,48]．

以上のことから，CB 充てんゴムの誘電緩和は CB ネットワークの架橋鎖や分岐鎖とその周辺のゴム分子との相互作用に起因するものと考えられる．他方，4.1.4 項で後述するが，CB 周辺には運動性が拘束されたいくつかの相互作用層が存在し，そのうち最も拘束されたゴム層が CB 凝集体を連結することにより，CB ネットワークが形成されると考えられる．そのため，緩和成分分離前の Cole-Cole プロットは歪んだ円弧になり，そのうち，高周波数側には拘束性が高いゴム層の緩和成分が，低周波数側には拘束性が弱いゴム層の緩和成分が分布する．したがって，図 3.9(a) の円弧状の緩和成分は最も拘束性が高いゴム層に，図 3.9(b) の残りの緩和成分は，拘束性が弱いゴム層に由来すると考えられる．また，30 phr 以上では，分岐鎖に比べて，架橋鎖の数が圧倒的に多いため，架橋鎖の特徴的な緩和は拘束性が高いゴム層にほぼ対応するであろう．これに対して，分岐鎖は末端の CB 凝集体とゴムとの相互作用が強調されるため，その緩和は拘束性が弱いゴム層に反映されるものと推察される．

3.2 光学物性

3.2.1 ゴムと光学？

ゴムは一般に透明性には優れておらず，光学的性質が問題となった事例は多く

ない．過去に透明ゴムと称されたのはいわゆる「飴色ゴム」で，輪ゴム，糸ゴム，細ゴム管，靴用ヒールなどに用いられた．（私家版ではあるが，妻鹿菊夫編『透明ゴム配合集』(1987) は今となっては貴重な書であろう．）飴色ゴムではなく，透明なゴムが工業的に要求された数少ない理由の1つに，電子産業からの電気回路が目視できるよう透明な電気絶縁性封止材の需要があった．導電性ゴム（導電性フィラーを混合したものが多い；3.1.3項および3.3.1項を参照）を除いてゴムは電気絶縁材料ではあるが，透明性の点でその需要に応じ得たのはシリコーンゴム[50]であった．シリコーンゴムの透明性はフレキシブルな光ファイバーとして，建物内や室内など曲がり角の多い場所での光通信網設置に可能性を有している．さらにシリコーンゴムはその化学的安定性が大きな特徴であるが，化学修飾を容易に行いたい場合にはヒドロキシル基 (-Si-H) とビニル化合物 (CH_2=CH-)の反応がよく用いられている[51~53]．ヒドロシリル化反応 (hydrosililation) によってビニル基を導入したメソーゲンをシリコーンゴムに導入すれば液晶性エラストマー (liquid crystalline elastomer：LCE) が合成される[54]．液晶 (liquid crystal)[55~57] は電気光学的デバイス (electro-optic device) として表示用など多面的な需要を有しており，ゴムにとってこれも挑戦的な分野であろう．

透明なエラストマーとしては，シリコーンを除くと実験室的に合成されたものに限定される．主鎖中に $-N^+-$ 構造を有するアイオネンポリマー (ionene polymer) で，オキシテトラメチレン鎖とビオローゲン (viologen) 構造よりなるエラストマー (3.5節で説明するTPEの一種で，イオン会合が架橋点の役割をするエラストマー) は優れた力学特性を示し，透明性にも優れている[58~60]．ジカチオンであるビオローゲンは光照射により1電子還元されてカチオンラジカルとなり，無色から緑色へ可逆的に変化する．これはフォトクロミズム (photochromism) と呼ばれ，エラストマーにとって興味深い光応答性である．主鎖のジカチオンが還元されてカチオンラジカルに変化すると（イオンの会合状態が変化して），力学特性も変化するので，合わせてフォトメカニカル (photomechanical) 挙動も示すエラストマーである．

ゴム弾性の観点から，ソフトマテリアルのなかでもポリマーゲルは，ゴム材料と関連する重要な分野である．架橋ブタジエンゴムの「膨潤溶媒」に低分子液晶を用いた挙動の研究[61]からスタートした液晶性ゲルの基礎的研究[62,63]の意欲的

な展開は，新しい刺激応答性ソフトマテリアルとして応用面でも大きな注目を集めている[64,65]．他分野に比べて，ゴム弾性の本質を見極めた科学は，応用展開の方向へごく自然に（つまりは必然的に）つながってゆく可能性を示唆している．

自動車タイヤは「黒色」と決まったようなものだが，それは補強性フィラーとしてカーボンブラック（CB）が配合されているからである．フォード（H. Ford, 1863-1947）が20世紀はじめに市場に送り出したT型フォード車を黒色で統一したのは，装着するタイヤが真っ黒だったからかもしれない．しかし，シリカ粒子のような白色系の補強性フィラー充てんゴムであれば，顔料・染料の併用によって多彩な着色タイヤが市場に出回る可能性がある．近年，シランカップリング剤の利用[66,67]などによりカーボン配合に劣らないタイヤ（その先駆けであったグリーンタイヤ[68]）がシリカ充てんにより現実味を帯びるようになってきた（5.4.3項参照）．また，in situ シリカ（2.2.3項参照）など従来にないシリカ充てん法も開発されて，白色系フィラーの可能性が広がりつつある．CBは石油を原料として量産されているので，シリカ利用はいわゆる「脱カーボン」トレンドの1つの表現である．本節ではゴムの科学のなかでも，従来はゴムの耐光性が心要な場合を除いて空白であった光学分野での最近の研究を紹介する．しかし，いまだ研究例は多くない．将来に向けて開発研究の活性化が望まれる．

3.2.2 シリコーンゴムの屈折率

光学的に透明なシリコーンゴムの屈折率のコントロールを目的として，ヒドロシリル化反応（図3.10）による各種置換基の導入が試みられている[53]．一般にビニルポリマーに芳香族置換基を導入すると電気分極が大きくなってポリマーの屈折率は高くなり，一方フッ素を含む置換基を導入すると低くなることが知られている．上記文献では，反応基質としてヒドロシリル基の含有量が異なる4種のシリコーンゴムを用い，反応条件により導入率をコントロールした．

生成物の屈折率（n_D^{20}：ナトリウムのD線を用い20℃で測定）とアッベ数（Abbe

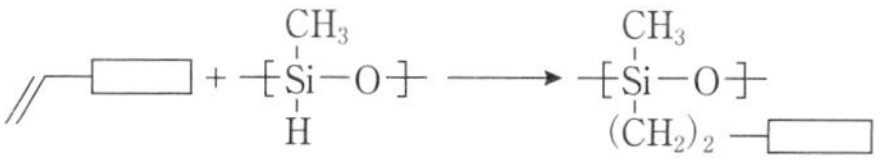

図3.10 ビニル化合物のヒドロシリル化反応[53]

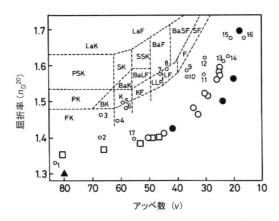

図 3.11 化学修飾したシリコーンゴムの屈折率とアッベ数[53]. 四角はフッ素含有置換基, 白丸はナフタレン基, 黒丸はアントラセン基を導入したシリコーンゴム. 小白丸に数字を付したのは, 種々の置換基を有する市販ポリマーのデータである.

number；reciprocal dispersion power とも呼ばれ, 光の波長による屈折率の変化量. たとえば, アッベ数大で, 波長による屈折率変化小.）を, 数字で示したその他のポリマーおよびローマ字略号で示した無機ガラスとともに, 図 3.11 に示した.

化学修飾によりシリコーンゴムの屈折率は 1.36 から 1.69 までポリジメチルシロキサンの屈折率（図 3.11 のポリマー 17）の前後で広範囲に変化している. アッベ数は 20 から 80 まで変化し, 高屈折率になるほど小さい, すなわち屈折率の波長依存性が大きくなる. これはレンズなど光学デバイスに好ましくない傾向であるが, 高屈折率化が分極に依存する限りこの傾向を避けることはできない. アッベ数の大きい, つまり波長依存性の小さい高屈折率ポリシロキサンの設計とその合成が, 今後の課題であろう.

3.2.3 シリカ充てん天然ゴムの光学的透明性

ここでは, タイヤ用としても注目されているシリカ充てん系で, 過酸化物による架橋天然ゴム（NR）の光透過性について紹介する[69~71]. 親水性と疎水性シリカを充てんした架橋 NR の配合表を表 3.3 に示す. 架橋剤であるジクミルパーオキサイド（DCP）の配合量はすべて 1 phr である. これらの架橋 NR ではシリカ

3.2 光 学 物 性

表3.3 シリカ充てん架橋 NR の配合（架橋条件：温度155℃, 圧力100〜150 kg/cm^2）[70]

(a) 親水性シリカ

サンプル	VN0	VN10	VN20	VN30	VN40	VN60	VN80
NR	100	100	100	100	100	100	100
DCP[*1] (phr[*2])	1	1	1	1	1	1	1
Silica VN3[*3] (phr)	0	10	20	30	40	60	80

(b) 疎水性シリカ

サンプル	RX0	RX10	RX20	RX30	RX40	RX60	RX80
NR	100	100	100	100	100	100	100
DCP[*1] (phr[*2])	1	1	1	1	1	1	1
Silica RX[*4] (phr)	0	10	20	30	40	60	80

[*1]：ジクミルパーオキサイド.
[*2]：ゴム 100 g あたりのグラム数.
[*3]：東ソー・シリカ株式会社製 Nipsil VN-3（平均1次粒子直径＝約 16 nm）.
[*4]：エボニック・デグサ・ジャパン株式会社製 AEROSIL RX200（トリメチルシリル基処理シリカ, 平均1次粒子直径＝約 12 nm）.

の充てん量のみを 0〜80 phr と変化させた. 2本ロールを用いて, これらを混練した後, 100〜150 kg/cm^2 の加圧下, 155℃, 30分で厚さ 1 mm の架橋ゴムを調製した. 以下, 試料名称は, 疎水性シリカ充てん架橋 NR を RX# と, 親水性シリカ充てん架橋 NR を VN# とする. # はシリカ充てん量 (phr) を示す.

方眼紙に置いた疎水性シリカ充てん架橋 NR シートと, 親水性シリカ充てん架橋 NR シートの光透過像をそれぞれ図 3.12(a)〜(c) に示す. 疎水性シリカ充てん量を 10, 30, 80 phr とした試料（RX10, RX30, RX80）では, 疎水性シリカ充てん量が増加しても, ゴムシートの裏側の方眼紙の模様はほぼ同じように見える. すなわち, 疎水性シリカ充てん量の増加は光透過性にほとんど影響を与えない. これに対して, 図 3.12(d)〜(f) に示すように, 親水性シリカ充てん量が 10 phr (VN10) では, ゴムシートの裏側の方眼紙の模様が見えるが, VN30 ではこの模様がほとんど見えなくなる. さらに, VN80 では, 再び方眼紙の模様が見えるようになる.

透明高分子に配合するシリカやガラス繊維の配合量を増加させると, 当然のことというべきであるが, 得られた複合材料の光透過率は減少する傾向がある[72]. ここで, 可視光領域の透明性の尺度として工業的に用いられている遮蔽効果 (T_{shield}) と拡散透過率 (T_d) とヘーズ (H) の概念を図 3.13 に示す. 試料表面

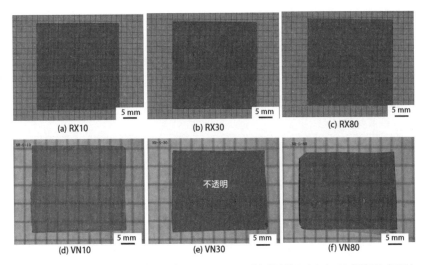

図 3.12 疎水性シリカ充てん架橋NR（RX10, RX30, RX80）と親水性シリカ充てん架橋NR（VN10, VN30, VN80）の光透過性[70]

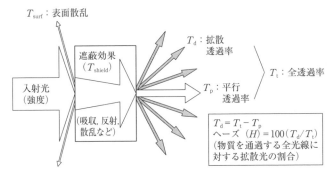

図 3.13 遮蔽効果（T_{shield}），拡散透過率（T_d），平行透過率（T_p）およびヘーズ（H）の定義[69]

の凹凸による散乱を除外すれば，試料が不透明になる理由として，次の2つのことが考えられる．1つは，入射した光が材料内部で吸収，反射される場合である．2つめは，試料から出た光が散乱体により散乱される場合である．したがって，前者では T_{shield} を，後者では T_d や H を定量的に検討する必要がある．ここで，T_{shield} と T_d と H を下記の式（3.23）～式（3.25）で定義する[73]．なお，T_{shield} や T_d や H が低い方が試料の透明性は高い．

$$T_{shield} = 100 - T_t \tag{3.23}$$

$$T_d = T_t - T_p \tag{3.24}$$
$$H = 100(T_d/T_t) \tag{3.25}$$

ここで，T_{shield}[%]：遮蔽効果（shielding effect），$0<T_{shield}<100$，H[%]：ヘーズ（haze，曇り度），$0<H<100$，T_t[%]：全透過率（total transmittance），$0<T_t<100$，T_d[%]：拡散透過率（diffusion transmittance），$0<T_d<100$，T_p[%]：平行透過率（parallel transmittance），$0<T_p<100$，である．

一方，4.1.2 項で後述する 3 次元透過型電子顕微鏡を用いたシリカ充てん架橋 NR の観察結果から，シリカ凝集体（アグリゲート）がさらに凝集してネットワーク構造のアグロメレートを形成していることが認められた．また，親水性，疎水性にかかわらず，シリカ充てん量が 40 phr 以上では，シリカ凝集体間の最近接距離（d_p）は約 1.3 nm に収束する[69~71]．このことは，この d_p を介してシリカ凝集体どうしが連結していることを意味する．そこで，$d_p = 1.3$ nm の距離で最近接する（これを接触していると見なすことになる）シリカ凝集体の重心を結ぶことにより，シリカネットワークの骨組みを示す線図が得られた．架橋 NR 中の疎水性シリカおよび親水性シリカ凝集体のネットワーク構造（線図）をそれぞれ図 3.14 に示す．シリカ充てん量はそれぞれ，10，30，および 80 phr である．モ

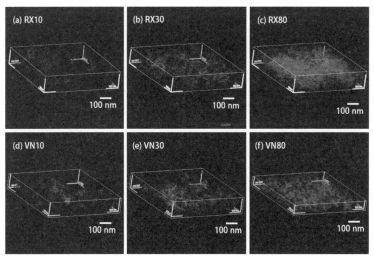

図 3.14　架橋 NR 中のシリカネットワーク[71]

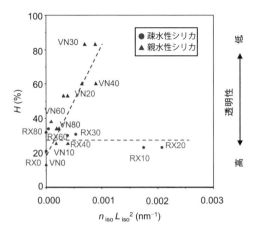

図 3.15 疎水性, 親水性シリカ充てん架橋 NR における
ヘーズ (H) の $n_{iso}L_{iso}^2$ 依存性[70]

ノクロの紙面では少々わかりづらいが, 疎水性シリカ (図 3.14(a)～(c)) では, 30 phr 以上で系内のネットワークがほとんど連結するのに対して, 親水性シリカ (d)～(f) では, 30 phr でも局所的なネットワークが偏在し, 80 phr でようやく系内のネットワークの連結が完了する. このことも, 疎水性シリカに比べて, 親水性シリカのフィラー／フィラー相互作用が強いことを示す. 図 3.14 をさらに詳細に観察すると, これらシリカのネットワーク構造が, 架橋による高分子網目と同様に, 架橋鎖（架橋点）, 分岐鎖（分岐点）, ならびに, ネットワークに連結していない孤立鎖から構成されると解釈することができた.

筆者らは, 親水性シリカ凝集体ネットワークの架橋鎖と分岐鎖, および孤立鎖が光の散乱体になると考えた[69～71]. すなわち, Kandidov ら[74] が報告したモンテカルロ法による散乱媒体の多重散乱式に基づき, 上記の 3 種類の鎖の数密度と平均長さの 2 乗との積を求め, それとヘーズとの関係を検討した. その結果, 親水性シリカ凝集体の孤立鎖による光の多重散乱が光透過性を低下させることを見出した. 具体的には, 下記の式が得られた.

$$H \sim \mu_s (= \pi K_p n_{iso} r_{iso}^2) \sim (\pi K_p/4) n_{iso} L_{iso} \qquad (3.26)$$

$$H = C n_{iso} L_{iso}^2 + D(H) \qquad (3.27)$$

$$L_{iso} = 2 r_{iso} \qquad (3.28)$$

$$C = \pi K_p / 4 \tag{3.29}$$

ここで，H：ヘーズ，μ_s：散乱係数，π：円周率，K_p：粒子の径や光の波長に依存する散乱因子，n_{iso}：孤立鎖の数密度，r_{iso}：孤立鎖の平均長さ（L_{iso}）の半分の長さ，$D(H)$：架橋ゴムのみに由来する定数，である．

以上の結果から，親水性シリカ充てん量 30 phr 付近で，シリカ凝集体のネットワーク構造中の孤立鎖の数密度（n_{iso}）が最大値となり，この孤立鎖による光の多重散乱により，光の透過性が顕著に低下することがわかった．なお現段階では，親水性シリカ充てん量 30 phr で孤立鎖が顕著に増加する理由は明らかになっていない．この孤立鎖の増加は，親水性シリカの強いフィラー／フィラー相互作用と加工中の混練条件に依存すると予想され，今後の検討課題である．

コラム3　シリコーンゴムとフッ素ゴム；無機ゴム？　有機ゴム？

タイヤ・ベルト用などの比較的大量に用いられるゴムを汎用ゴム，それ以外の機能などを生かしたタイヤ用途以外のゴムを特殊ゴムと呼ぶことがある．シリコーンゴム（silicone rubber）とフッ素ゴム（fluororubber）は特殊ゴムのなかでもまたユニークなゴムである[1,2]．シリコーンゴムは主鎖の化学構造が -Si-O- 単位からなり，この単位構造は基本的に無機シリカと同じで，無機ゴムといえる．しかし，ケイ素（Si）原子には有機の基が結合（ジメチルシリコーンゴムではメチル基が2つ）して優れたゴム弾性体（ガラス転移温度が最も低く，低温特性に優れる）となり，一般有機ゴムと同様な物性を示すので無機ゴムに分類されない場合もある．末端架橋ジメチルシロキサンゴムはゴム弾性を検討するためのモデルネットワーク（3.1.1項参照）として用いられている．いわゆるシランカップリング剤（silane coupling agent）は，無機シリカと有機ポリマーを化学結合させて両者の相溶性（compatibility）を高めて，有機-無機複合体の高性能化を目的に用いられる．なお，シリコーンの語尾の one は酸素が含まれる（ketone の one と同じ）ことを意味し，ケイ素そのものを指すシリコン（silicon）とは区別しなければならない．例えば，シリコーンゴムはシリコンポリマーに分類しないのが普通である．

一方，フッ素ゴムの主鎖は炭素-炭素結合であり，一見有機ポリマーである．

しかし，置換基としてフッ素を含む基，例えばフルオロメチル基（CF_3-）などが用いられると，一般の有機化合物にみられない抜群の耐有機溶剤性，耐化学薬品性，耐候性を示し，物性面では無機ポリマーである．また，フッ素系ポリマーの加工は一般的にセラミックスの加工法に準じている．このようなユニークな特性をもつフッ素樹脂としてテフロン（Teflon）が，テフロン加工フライパンなどとして日常生活で普通に用いられている．テフロンは水素原子をまったく含まないパーフルオロ体（主鎖にも側鎖にも水素を含まない）であり，同様にパーフルオロフッ素ゴムも市販されている．シールとして必要なゴム弾性と他の有機ゴム製シールにはない優れた耐化学薬品性，耐久性を示す．フッ素系ポリマーは米国で軍事用として開発されたもので，民生用品が市場に出回った後もココム（COCOM：東西冷戦時代につくられた，社会主義国に対する輸出を統制する委員会）規制の対象となっていた．委員会はすでに解散したにもかかわらず，日本からのフッ素ゴムシールの輸出が問題になったことがあったようだ．民生用としはもちろんのこと，軍需用品としても他に代えがたい貴重品なのであろう．

[鞠谷信三]

3.3 高機能性ソフトデバイスへの展開

3.3.1 ゴム・エラストマーにおける機能性の考え方

ゴム・エラストマーは，我々人類が快適で安全な生活を得るためのさまざまなデバイスを支える材料として利用されてきた．紀元前1250年頃のオルメカ文明では，天然ゴムボールが祭事に使われていた．1823年にマッキントッシュがテレピン油に溶かした天然ゴムを塗布したレインコートを販売するまでにも，長い歴史のなかで種々のゴム製品があったに違いない．現代の空気圧入タイヤ（pneumatic tire）は，エントロピー弾性体である気体（空気）を同じ弾性体であるゴムの容器に封入した圧力デバイスで，自動車車体を路面との接触により支える構造材であると同時に，運転時の安全性を高め，騒音・振動の低減による快適性を与える機能材でもある．密閉材としてのシールも，近代的な生産現場や工事現場に欠かせないコンベアーベルトも，ゴム弾性を欠いてはその役割を果たせない．また，第一次世界大戦や第二次世界大戦での戦略物資タイヤ用ゴムをめぐ

3.3 高機能性ソフトデバイスへの展開

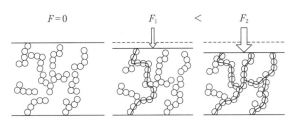

図 3.16 感圧導電性ゴムのモルフォロジーコントロールによる圧力の検出[78]. F は圧力を示す.

る深刻な歴史は，ゴムが現代社会に必須であることを明確に示している[75,76].

これら多くのゴム製品では，ゴムの伸び縮みする機能のほかに，さらに，さまざまな機能を発揮していることがわかる．ゴム弾性は，それ自体を「機能性」と呼ぶに値する特性でもあるが，この節ではゴム弾性を力学特性として，優れたゴム弾性を発現させるために行う架橋反応やそれにより形成される架橋構造が，ソフトデバイスに付加された高機能性を妨げないこと，さらに望ましくは，その高機能性をより有効に発揮させる点に注意を払うことにしたい．

ゴム弾性体の機能化には3つの方法が考えられる．1つはゴムマトリックスが「高分子液体」であることを利用して，補強のためにナノフィラーを充てんするように，機能性フィラーを充てんすることである[77]．例えば導電性ゴムの場合，導電性フィラーの種類と充てん量により半導体から金属と同等の高導電性のソフトデバイスまで実用化されている．また，ゴムマトリックス中の導電性フィラーの凝集状態（モルフォロジー）をコントロールすることにより，図3.16に示すように感圧導電性ゴムが作製できる．つまり，導電性フィラーのモルフォロジーを，図左端のように圧力 $F=0$ では導電の経路が上下につながらないように，そして，上下間に圧力をかけたときに高圧になるほどつながる導電パスが増加するように工夫すると，圧力センサーとなる[77,78]．ただし，高度な機能であるセンサーが簡単に作製できると誤解してはならない．このようなモルフォロジーの実現には，フィラー充てんに長年携わった熟練者でも多くの試行が必要であったろう．さらに，そのモルフォロジーを加圧と除荷のリサイクル回数が数千を超えて安定なものとしなければならない．機械的混練によるゴムへのフィラー充てんは，伝統的な手法であるがまだまだ多様な発展が期待されている．

2番目のアプローチは，機能性を担う分子あるいはグループを高分子反応によりゴムに導入する方法である．シリコーンゴムの化学修飾による種々の屈折率を有するゴムの合成は，その実例であった[53]．一般に，高分子反応によりゴムに機能性グループを導入するとガラス転移温度（T_g）が高温側にシフトしてゴムの特徴が失われてしまうことも多い．したがって，最大導入量に限界があるのは高機能性化にとってやむを得ない．3番目は，熱可塑性エラストマー（TPE）の利用である．ゴム弾性の発現のために用いられる架橋試薬であるが，それが弾性以外の機能性の付与の妨げになってしまう場合がある．加硫試薬の多くが人体に安全でないことから医用・保健用のゴム材料には不適合であることも，その例である．そのような場合，共有結合の架橋が必要であれば，加える試薬の種類が少ない過酸化物架橋やゲル化反応で用いられる三官能性試薬を用いた架橋構造形成が考えられる．

多種・多様な機能性エラストマーのなかで，バイオアクティブエラストマーとイオン伝導性エラストマーに焦点をあて，その材料設計の鍵となる粘弾性の利用例を以下に示す．前者は生体機能性の考察から新しいプレポリマーを設計し，ポリウレタンウレア（TPEの一種）の合成に用いて血液適合性の向上を達成したものであり[79~81]，後者はゴムのアモルファス性をイオン伝導に生かした機能化である[82~84]．両者ともに化学の立場から正統的なアプローチといえるだろう．

3.3.2 バイオアクティブエラストマー

医療用具には多くの種類があり，用いる目的や使用される生体部位によって必要とされる材料の特性は大きく異なる．しかし，骨や歯などを除くと多くの生体器官や組織は基本的には軟組織からなっており，エラストマーの物性が必要である．血液と接触して用いられる医用材料の開発でも，血液適合性とともに生体と材料との機械的特性の適合が重要である．例えば，人工血管で力学的性質が宿主血管と大きく異なることで吻合部近傍に大きな機械的ストレスが加わる結果，血管組織の損傷に伴う血栓形成が起こり，また血管を流れる血液中に流体力学的に乱れが生じて血栓形成を加速する可能性がある．したがって，医用材料の開発にはまずバイオメカニクス[85]の観点から生体材料の機械的特性を定量的に把握する必要があり，さらにクリニカルメカニクス[86,87]の点から臨床的判断に必要な生

体力学的評価を与えなければならない．

　ポリウレタン（PU）は，ジオール，ジアミンとジイソシアナートから重付加反応で合成されるポリマーの総称である．それらのエラストマー特性は，1940年代より認められ，1954年にデュポン（DuPont）社の弾性繊維 Spandex Fiber（Lycra®，後の Biomer®）が商品化された[88]．ジイソシアナートとジオールまたはジアミンが反応して生成するウレタン結合とウレア結合は水素結合性が高く，凝集してハードセグメントドメインを形成し，ポリオール鎖からなるソフトセグメントマトリックス中にドメインが分散したミクロ相分離構造を形成し（3.5節の図 3.22(b) を参照）セグメント化 PU と呼ばれている．化学架橋による架橋ではなく，水素結合による凝集塊が良好なゴム弾性の要因となることから，TPEに分類される．このミクロ相分離構造は，生体適合性材料では力学的性質とともに血液適合性発現の要因となる．血液適合性に及ぼす多相系材料のモルフォロジー効果については，Lyman らによる考え方，すなわち，血漿タンパク質中のアルブミンが他の成分より優先的に吸着するようなモルフォロジーをもつ表面ほど，血栓形成の1つの引き金となる血小板粘着を抑制する，という説[89]が広く受け入れられている．

　筆者らは，プレポリマーの両末端に親水性のポリ（オキシエチレン）（PEO）セグメントを結合させたジオールを用いてセグメント化ポリウレタンウレア（SEUU）を合成し，その力学特性と血液適合性を調べた[79～81]．SEUU のイヌ末梢静脈内への短期埋入試験による *in vivo* 試験と血小板粘着試験，リー-ホワイト法血液凝固試験による *in vitro* 試験による評価の結果，PEO 導入による抗血栓性向上が認められた．また，37℃生理食塩水中で2週間浸漬したフィルムの引張試験から，PEO を導入した SEUU が PEO を含まない PU 試料より高伸長時に至るまで応力は低く，より生体軟組織に類似した力学物性を示した．SEUU で生体適合性が向上した要因の1つは，親水性が増し，界面自由エネルギーが低下したのでタンパク質が吸着しにくく，かつ，脱着しやすくなったこと，親水-疎水性のバランスが抗血栓性発現に有利になったこと，ミクロ相分離構造が発達して[90]多相表面による細胞の不活性化（capping control）[91]に適したことなどが挙げられる．

　日本では，臓器移植が法律で認められるようになり，また，新規医用ゴムの販売承認のための治験に莫大な費用がかかることから，人工臓器開発への意欲・企

画はやや下火になっている．上記 SEUU もプレポリマーを新たに合成する困難さのため，実用化には至っていない．しかし，補助人工心臓の開発研究はその後も活発に続けられ，最近では市販品も現れている．臓器移植までの「つなぎ」医療用としての生体適合性 PU のニーズはまだまだ高い．また，カテーテルを用いたがんの切除などに代表されるように，低侵襲治療のための血液適合性と軟組織に類似した力学的性質をもつゴムの医用における出番は，これからも続くであろう．

3.3.3 イオン伝導性エラストマーとリチウムイオン電池

現在，次世代のサスティナブル・カーの本命とされる電気自動車（electric vehicle：EV）の実用化にとって，2次電池の高性能化が課題である．さまざまな材料のなかで，特に高分子材料は小型・薄型・軽量化を達成するのに有利な材料と位置付けられて，多くの固体電解質研究の対象とされてきた[92]．セグメントのミクロブラウン運動に基づいて高イオン伝導性マトリックスの分子設計を行うと，まずアモルファスな高分子のなかで最も T_g が低いポリ（シロキサン）系高分子が候補となる．しかし，ポリ（シロキサン）系高分子は非極性分子であり，イオン塩をほとんど溶解しないので，イオン塩を溶解させるセグメントとの組み合わせが必要となり，ブロック共重合体やグラフト共重合体などポリ（シロキサン）とポリ（オキシエチレン）（PEO）を組み合わせたさまざまなアーキテクチャの高分子固体電解質が研究された[93,94]．しかし，機械的強度を確保するために架橋が必要となり，導電率の低下を招く結果となった．一般に，ゴム工業においてアモルファスなゴム状態を発現させるのに共重合法が用いられる．エピクロロヒドリンゴムもエピクロロヒドリン（EH）とエチレンオキシド（EO）とのランダム共重合体（P(EO/EH)，EO/EH＝約 1/1）である．重量平均分子量 100 万オーダーの高分子量 P(EO/EH) に過塩素酸リチウムをドープした試料は架橋なしで良好な力学特性を示したが，導電率は室温で $10^{-6}\sim10^{-5}$ S/cm オーダーにとどまった[95,96]．クロロメチル基は結晶化阻害に有効であっても，導電率向上に寄与しないことが原因であると考えられた．

そこで，クロロメチル基に代えてオキシエチレンセグメントが導入された高分子量分岐型ポリエーテル TEC の研究[82,83,97〜100]が進められた．側鎖オキシエチレ

ンセグメントは主鎖オキシエチレンセグメントの結晶化を抑制し，かつ，クロロメチル基と異なり塩の溶解，リチウムカチオンの移動にも有利である．ポリマーTEC は重量平均分子量が 100 万オーダーの多分散性高分子で，過塩素酸リチウムを [Li]/[-O-] = 0.05 の割合でドープした試料は，ポリエーテル系高分子固体電解質の最高イオン伝導性値を示した．また，高イオン伝導性 $Li_2S-SiS_2-Li_4SiO_4$ オキシスルフィドガラス[101] と TEC から製膜性のある無機／有機複合体も作製された[84,100,102,103]．これは，アモルファスマトリックスとイオン伝導性パスの両方のファクターを組み込んだ材料設計の例である．いまだ，室温で 10^{-3} S/cm を超える導電率を示す高分子固体電解質は出現しておらず，新規機能性ゴムからの展開も可能な楽しみな分野であり，低炭素社会実現に向けての重要な課題でもある．

3.4 天然ゴムの結晶化

3.4.1 結晶構造の解析（WAXD）と結晶化度

1.3.1 項でゴムはアモルファスであり，また分子レベルでガラス転移温度 T_g の高温側では図 2.10 に示したガウス鎖モデルで表現されるようなランダム運動を行っており，分子鎖を構成するセグメントが動的状態にあって結晶化には不利であることを説明した．しかし，天然ゴム（NR）のモノマー単位（イソプレン単位）は分子片末端の 2 個（植物種によっては 3 個）のみが *trans*-1,4-構造で，他はすべて *cis*-1,4-構造であって立体規則性（stereo-regularity）は極めて高いことが知られている[104]．重合度（degree of polymerization）が 10000 の場合を考えると末端の 2 個を除いて 9998 個のモノマー単位は *cis*-1,4-構造である．つまり NR は 99.98% 以上の立体規則性を有し，合成高分子化学者はこのような高い規則性の *cis*-1,4-ポリイソプレンの合成にいまだ成功していない[105]（1.2.2 節ではこの 99.98% 以上を 100% と記載した）．結晶化では NR 分子における *cis*-1,4-構造の連鎖長（sequence length）が重要である．たとえ 99.98% の立体規則性であっても，2 個の *trans*-1,4-構造が統計的にランダムに分布すれば平均連鎖長は 10000/3 = 3333 となり，NR の 9998 と比べて 3 分の 1 に激減する．NR のように酵素によって触媒される *in vivo* の生化学反応ではなく，化学的に作製さ

れた触媒による重合反応で合成されたポリマーでは，ランダムあるいはマルコフの統計的分布となる[105〜107]．この高い立体規則性，より正確には同じ立体構造の長い連鎖長は，秩序構造を形成するプロセスである結晶化（crystallization）のための分子レベルでの基本的条件であり，事実，適当な条件下でアモルファス材料であるNRの結晶化が可能である．NRの結晶化の1つは保存中の未架橋ゴムで最初に認められた低温結晶化（low-temperature crystallization）であり，もう1つは架橋NRに典型的に現れる伸長結晶化（strain-induced crystallization：SIC）の挙動である．いずれの結晶化でも結晶構造は同じであるが，2つの結晶化は速度と生成した微結晶（crystallite）の配向，および結晶化の材料科学的意義において大きく異なっている．

結晶構造の解析に最も一般的な手法は広角X線回折（wide-angle X-ray diffraction：WAXD）であり，その出発点となったのは次のブラッグの条件式である．

$$2d \sin \theta = n\lambda \tag{3.30}$$

ここで，d は結晶中の平行な格子面の間隔，θ はこの格子面へ入射したX線の入射角の余角であり，n は正の整数，λ は入射X線の波長である．各格子面からの反射波が同じ位相をもつとき（ブラッグ反射）には回折が現れ，この角度θをブラッグ角という．この条件が満たされない場合ブラッグ反射はなく，回折像は得られない．反対に，ブラッグ反射があれば上式から結晶格子の面間隔dが決定できることになる．WAXDの基礎的理論および測定法に関しては関係書[108]を参照されたい．

NRがポリマーの結晶化研究の先導役を果たしたことはよく知られており，2.4.3項にも記述した．ポリマーの結晶化においては，結晶化度（degree of crystallization）の概念が重要である[109,110]．高分子量，つまりは長い鎖からなるポリマーは拡散係数が小さく，分子鎖の絡み合いなどによって移動と配向に制限が大きい．実際，結晶性が高いとされるポリマーであっても，実験的に到達可能な結晶化度は多くの場合60〜80%である．ポリエチレン（PE）では単結晶生成も可能であるが，化学構造が単純でまた結晶化可能温度範囲（$T_\mathrm{m} \sim T_\mathrm{g}$）が250 Kと非常に広いことが要因であろう．逆に，NRでは（$T_\mathrm{m} \sim T_\mathrm{g}$）が90 Kと狭い．一般的には，高結晶化度は流動場での結晶化に限られ，繊維にお

ける高速一軸延伸がその例である．結晶化できなかった領域は当然アモルファスであり，単結晶を除いて普通のポリマーでは，結晶あるいは何らかの秩序構造とアモルファスは常に共存している．この事実に基礎をおいて，規則的構造とアモルファスの共存状態を解明するのが，高分子におけるモルフォロジー(morphology) 研究である．ゴムに限らずポリマーであること，すなわち高分子性(macromolecularity) は本来(熱力学的には準安定状態ではあるが) アモルファスに有利で,結晶化など秩序構造形成のためにはそれなりの工夫が必要とされる．ゴム弾性と同じく，これもポリマーにおけるエントロピー効果の１つの現れといえる．

3.4.2　天然ゴムの伸長結晶化（SIC）

2.4.3項で述べたとおり，外部場として応力を印加して伸長下で結晶化（ひずみ誘起結晶化 strain-induced crystallization：SIC）させるユニークな手法は，NRゴムを試料としてX線回折を行ったカッツ（J. R. Katz）により，1925年に報告された[111]．伸長下において，いわゆる繊維図形が得られたので，彼はSICを"fibering"と表現している．カッツは高分子説（2.4.3項参照）を前提にゴム分子を考察していたようであり，またエピタキシー（epitaxy）発見の前触れとなったかもしれない先駆的研究であった．しかし彼は多才に過ぎたのであろうか，ゴム研究と結晶化学の新局面を創始するには至らなかった．さきに述べたNRの高い立体規則性の効果は，ゴムにとって最も特徴的な大きな伸びによって遺憾なく発揮される．すなわちゴムの数百％に及ぶ伸長によって，3次元網目を形成している網目鎖（network chain）の一部（比較的短い網目鎖）が引き伸ばされて伸長方向に配向し，NR分子鎖は結晶化が自然に（spontaneously）進行する条件下に置かれる．アモルファスなNR架橋体の変形下での「自然な」結晶化能力は，NRの優れてユニークな物性の源泉であり[105,112~116]，生成する微結晶（crystallite）は「その場生成」のナノフィラーとして作用し，NRにおける自己補強効果（self-reinforcement effect）の源泉となっている．ここでは，架橋ゴム試料の巨視的な伸びが，そのまま分子レベルでの網目鎖の伸びに等しいアフィン変形（affine deformation）を考えている．

図3.17に硫黄架橋（加硫）NRとIRについて，SICの進行をCI（crystallization

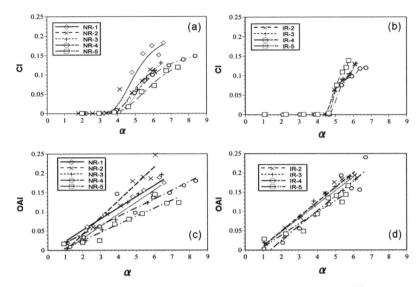

図 3.17 架橋 NR と IR の一軸伸長による網目鎖の配向と結晶化の進行[112]

表 3.4 NR と IR 試料の硫黄架橋（加硫）配合[112]

試料	NR-1	NR-2	NR-3	NR-4	NR-5	IR-2	IR-3	IR-4	IR-5
ゴム[*1]　（phr[*2]）	100	100	100	100	100	100	100	100	100
ステアリン酸　（phr[*2]）	2	2	2	2	2	2	2	2	2
酸化亜鉛　（phr[*2]）	1	1	1	1	1	1	1	1	1
CBS　（phr[*2]）	3	2	1.5	1	0.75	2	1.5	1	0.75
硫黄　（phr[*2]）	4.5	3	2.25	1.5	1.125	3	2.25	1.5	1.125
加熱時間[*4]　（分）	10	12	12	14	18	18	21	25	30
網目鎖密度　（mol/cm^3）	2.12	1.78	1.46	1.31	1.01	1.66	1.36	1.29	1.03

[*1]：NR には RSS No.1 を，IR には IR 2200 を用いた．
[*2]：ゴム 100 重量部に対する重量．
[*3]：加硫促進剤，N-シクロヘキシル-2-ベンゾチアゾールスルフェンアミド．
[*4]：プレス金型温度（140℃）．

index；結晶化度を示すパラメータ）により，網目鎖の配向を OAI（oriented amorphous index；結晶化していない網目鎖の配向度を示すパラメータ）によって示した[112,117,118]．加硫のための配合を表 3.4 に示す[112]．IR は合成天然ゴムとも呼ばれる cis-1,4-構造が 98% の合成ゴムで，NR のようにタンパク質や脂質などの天然物由来の非ゴム成分を含まないので，ここで比較・対照試料として用いた．SIC 実験は SPring-8 の BL40UX（波長 0.1 nm）あるいは米国・ブルック

ヘブン国立研究所の NSLS（National Synchrotron Light Source）の X27C（波長 0.1366 nm）ビームラインに特製の一軸引張試験機を設置して，WAXD との同時その場測定を行った．シンクロトロン放射光の利用により X 線回折像は秒単位で取得され，伸長による応力と構造のその場変化の追跡が可能となった[112, 115, 117, 118]．各試料の数字は表 3.4 の試料番号で，数字の大きいものほど架橋密度は小さい．言い換えると網目鎖は長い[112, 117〜119]．

図中（c），（d）の結果は伸長（伸長比 $\alpha = l/l_0$，ここで l_0 は試料の初期長さ，l は伸長時の長さである）開始と同時に網目鎖の配向が始まり，IR では一定勾配で増加するのに対して，NR では架橋密度依存性を示した．(a)で NR は伸長比 3.5 付近から架橋密度に依存して結晶化が開始され，(b)で IR は架橋密度に依存せず伸長比 4.5 付近から結晶化が開始された．いずれも破断前に伸長を停止して収縮させていくと応力の減少に従って結晶は融解し，SIC 開始の伸び付近では完全にアモルファス状態に戻る．すなわち，SIC による結晶化と融解は伸長と収縮について可逆的である．立体規則性が低い IR でも架橋体で SIC が認められたことは，例えば両者に大きな差が認められるグリーン強度（架橋前のゴムあるいはゴム配合物の引張り強度）は，SIC 能力と直接的には関係しない可能性を示唆している（ただし，未架橋ゴムの SIC 挙動は意外と複雑なので，これを結論とすべきではない）．また，両者における架橋密度依存性の差は，非ゴム成分（IR では無視できる）の架橋反応に対する影響や網目構造の均一性の違いを示唆している．SIC が開始される伸びの違いは，山本ら[120]による伸長に伴う融点上昇により説明される[112, 118]．

筆者らは SIC に対するステアリン酸の効果を検討した[121]．SIC に対するステアリン酸の効果は小さく，またステアリン酸を含まない架橋 IR でも図 3.17 と同様な SIC が観測された．したがって，加硫活性化剤として多くのゴム製品に含まれているステアリン酸（NR ではその一部は天然由来で存在する）が核剤となって SIC が開始されるのではない．これらの結果から，SIC の機構として図 3.18 に示すモデルが提案されている．

SIC は網目鎖のなかでも比較的短い一部のものが伸びきり鎖となった時点で，その周囲の網目鎖がエピタキシー的に結晶化してゆく．その臨界伸びが NR では伸長比にして 3.5〜4.0，IR では 4.5 と実測された．NR の伸長結晶化は応力

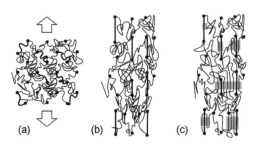

図 3.18 NR, IR における伸長結晶化のスケッチ[112]
(a) 伸長前, (b) 伸長後結晶化開始前, (c) 伸びきり網目鎖への(エピタキシー的な)結晶化が開始されてラメラ晶が形成されていく様子

誘起(stress-induced)だとする解釈もあったが,一般的にはひずみ誘起結晶化(strain-induced crystallization: SIC)と命名するのが妥当である.本書ではもっぱらゴムの一軸伸長変形を考え,伸長結晶化と表記した.ここでは,伸びきり網目鎖がたとえ1本であっても,伸びきった網目鎖が鋳型となってラメラ晶形成を開始する可能性があると考えている.この解釈は定性的にセグメントのダイナミックスについて最近発表された研究[122]と矛盾しない.均一核生成は統計的な揺らぎに起源があり,結晶化の開始には核があるサイズ以上に成長する必要(不均一の場合は核剤がそのサイズを有している)があって,誘導期が認められるのが普通である.SIC は統計的な現象ではなく,伸長下「分子のレベル」で網目鎖が1本でも伸びきった状態になれば,直ちに結晶化が必然的に開始し得るので,機構的に核生成とは異なる新しい結晶化開始モデルであり,エピタキシー的な結晶成長が推定される.

さらに,Nyburg による結晶格子[123]を仮定し格子定数を計算すると,SIC により生成した微結晶の格子定数はa, b 軸方向では収縮し,c 軸方向(一軸伸長の方向)では伸長しており,マクロな応力がミクロな結晶格子に伝達されていることが示唆された.三軸の格子定数の積は体積を与え,伸長によってその体積が減少傾向を示した.ゴムはポアソン比が0.5 で非圧縮性であり体積変化はマクロには極めて小さく,微結晶の格子体積が減少する結果はユニークである.鞠谷[124]は「複数の網目鎖からなるユニットを考え,それらの大きさではなくそれら相互の位置関係のみが変化するような,まったく新しい変形モデル」を考え,

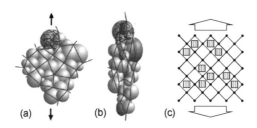

図 3.19 架橋ゴムの変形を説明するパンタグラフモデル[112]
(a) 伸長前はすべてのユニットが球状．(b) 伸長後いくつかのユニットが楕円状に変形し微結晶が生成する．しかし球状に留まるユニットも多い．
(c) 伸長とともに微結晶が増加し，その時点での変形を説明するパンタグラフ．四角は微結晶で，パンタグラフの変形によって伸長方向に直角の圧縮応力を受ける．

その具体例として図 3.19 に示すようなパンタグラフモデルを提案した[112,118,124]．このパンタグラフモデルは，ゴム架橋体の不均一な網目構造[125~127]の応力下での挙動を説明するものとして，さらに検討の余地がありそうである．

SIC は内外の研究グループから多くの論文が報告されており，特に，破壊と関連するクラック成長に対する SIC の効果について優れた考察がなされている[128~131]．また，SIC 挙動への架橋密度の効果[132]，過酸化物架橋系[119,133]，ナノフィラー配合系[134~137]，合成ゴム[138,139]，NR ラテックス系[140] などでも検討され，天然ゴムのユニークな物性と合わせて多くの研究者の興味を引き，2010 年代になっても「SIC ブーム」は継続している．例えば，X 線回折に加えて誘電緩和のデータを解析した結果でも[122]，上記のモルフォロジー的考察が支持されている．2014 年にはドイツの若手研究者の学位論文が単行本として出版され，数多くの関連論文がリストされている[20]．多くの結果が集積されつつあって，今後さらなる展開が期待される分野である．

3.4.3 天然ゴムの低温結晶化

SIC は NR の物性を考えるうえで最も特徴的かつ重要な挙動であるが，最近まで「NR の結晶化」は SIC ではなく，ここで述べる低温結晶化を意味していた．前節の SIC にならえば温度誘起結晶化（temperature-induced crystallization：

TIC）と命名すべきであるが，歴史的には SIC に先立って「低温結晶化（low-temperature crystallization）」が古くから知られていたので，ここではこの呼称を用いる．例えば，NR 関連の成書[141]の第 9 章に "Crystallization in natural rubber" という章があるが，ここに SIC の記述はない．その書籍の 1988 年版[142]では第 19 章が "Low temperature crystallization of natural rubber" となっているが，この書にも SIC の章はない．不思議なことに，NR 関連の成書で SIC が 1 つの章として独立に収録されたのは文献[115]が最初である．前節に述べた SIC のあまりの高速度性のゆえに，シンクロトロン放射光施設の利用なしには十分な実験解析ができなかったからであろう．またこの高速度性は，NR の応力-伸長曲線の中変形領域での「急速な立ち上がり」が，網目鎖の伸びきり効果を考えなくとも SIC で説明可能であることを示唆した．過去の文献を学習する際には，これらの点に注意を払う必要がある．この観点からすると，現時点で低温結晶化を研究するに際して最初に読むべき論文は，過去の数多くの論文ではなく SIC と比較した 2013 年の研究報告であろう[143]．この論文では低温結晶化は TIC と記載され，TIC 試料（未架橋および架橋 NR）は -10 ℃に 1 か月間保って測定に供され，低温で生成した微結晶が無配向であることを示すリング状の WAXD パターンが報告されている．

　低温結晶化は原料 NR の長期保存中に進行し，混練の際に異常挙動を引き起こす原因となる[144]．そのため，原料 NR は混合機への投入前に予備加熱されるのが普通である．NR の平衡融点は 35 ℃付近であるから，室温では融点との差（過冷却度）は小さく結晶化しにくいように見える．しかし T_g は約 -56 ℃と低いので，-25 ℃付近で最大の結晶化速度を示し[145]，低温結晶化と呼ばれるようになった．結晶化に必要な核生成（nucleation）には過冷却度（super cooling）が大きい（融点より低いほど有利）ことが必要であり，また低温で T_g に近いと結晶化のために必要な鎖のミクロブラウン運動や移動が困難になる．この 2 つの因子の競合のバランスによって極大値が現れる．この結晶化速度の極大温度は NR で明確にされたもので[145]，その後多くのポリマーについて認められている[110,146]（ほかに低温結晶化が顕著なゴムとしてクロロプレンゴムがあり，極大温度は -10 ℃である[147]）．均一核生成は密度，分子の配向と配位などの統計的な揺らぎ（fluctuation）に依存しているので，「sporadic（散発的，ばらばら）な核生成」と表現される．

その科学的考察には当然ながら統計的な取扱いが必要とされる[105~107]. 核生成の原因となる揺らぎは粘弾性挙動としてはポリマー1本鎖の経路長の揺らぎ（path length fluctuation），つまりはレプテーション（reptation）の理論で扱えるはずだが，ポリマーの結晶化における核生成のこの理論による解析は，まだ十分にはなされていないようだ．核剤（nucleating agent）を添加する場合は不均一核生成と呼ばれる．NRの結晶構造は，マイヤーとマーク（2.4.3項参照），Bunn[148]，Nyburg[123]，Natta ら[149]，Takahashi ら[150]，Immirizi ら[151]，Rajkuma ら[152] による詳細な研究があるが，細部についてはいまだ最終結論に達していない点もある．

　結晶化度が平衡値の半分になる時間（$t_{1/2}$）は，NR が最大の低温結晶化速度を示す−25℃で数時間から数十時間，室温では数日，数週間から数か月で結晶化速度としては相対的に遅い．溶媒抽出などにより NR 中の非ゴム成分を除去すれば結晶化はさらに遅くなり，一方精製 NR にステアリン酸などを添加してやると加速されることは古くから報告され[153,154]，長鎖脂肪酸などが結晶化を開始する核剤として作用するものと推定できる．これらの実験結果は先に述べたように NR の低温結晶化（TIC）が，SIC とは異なり均一あるいは不均一核生成に依存する一般的な結晶化挙動であることを示し，また，結晶化度も報告されている最高値は 40% であり[155]，分子レベルでの高い立体規則性にもかかわらず高い値ではない．

　架橋によって網目分子鎖の移動は制限され低温結晶化は抑制される．NR の平衡融点（35℃）は，1% のモノマー単位が架橋点となることによって 20℃ 低下するので[156]，実用に供されている加硫ゴムは室温（25℃）では結晶化できない．しかし，温帯・亜寒帯地域では数年，あるいは数十年の時間スケールで架橋ゴム製品の低温結晶化が重大な問題となる．免震用ゴム（コラム4参照）や，橋桁下部や建物（都市部で直下に地下鉄が走行している建物など）下部などに設置される制振用ゴムなど，数十年を超えて使用されるデバイスが低温結晶化により弾性を失った場合には大事故につながる可能性もあるので，効果的な結晶化防止対策が必要である．しかし，核生成による場合の一般的な結晶化抑制法は知られていない．ゴムではカーボンブラックやシリカなどのナノフィラー充てん系が普通である．これらフィラーが「核」として作用すると述べた研究[157]もあったが，最近の研究では否定されていて，低温結晶化を抑制することもない[158]．これは SIC

の場合と同じ挙動である[136]．分子論的に最も有効なのは架橋で，例えばポリエチレン被覆電線では電子線照射による架橋が有効に利用されている．アモルファス材料であるNRにおいて，SIC能力は他にみられないユニークかつ貴重な材料特性である．その一方で，低温結晶化は原料として貯蔵中，加工中[144]，そして製品として使用中も進行して各種トラブルの原因となる．つまりは，可能な限り避けるべき現象でしかない[105, 141, 142, 147, 155]．NRの実用化はグッドイヤーの加硫の発明によって，低温結晶化を効果的に阻止することができるようになり可能となったという歴史的事実はよく知られている[75, 76]．それにもかかわらずこの単純な事実が，なぜかゴム関係者の間でいまだ十分に認識されていないかにみえるのは遺憾なことである．

3.5 熱可塑性エラストマー（TPE）とリアクティブ・プロセッシング

3.5.1 化学架橋と物理架橋

ゴムに限らずポリマーのバルク（bulk, ポリマーのみの固体）状態は，トポロジー的（topological）相互作用による鎖の絡み合い（entanglement）によって，一時的ではあるがネットワーク状の構造をもっている．それゆえ，分子レベルすなわちポリマー1分子の挙動は，バルクではなく希薄溶液においてのみ実測が可能である（なお，"entanglement"は，量子力学分野の重要用語でもある．まったく異なった分野であるから混同の心配は不要だろうが）．一方で，化学反応である架橋によって安定な化学結合による3次元ネットワーク構造が形成されることは2.3節に解説した．これら2つのネットワーク構造の間に，物理的相互作用によりながらも絡み合いの場合よりも安定な網目構造があり，それが，本節に述べる熱可塑性エラストマー（thermoplastic elastomer：TPE）である．3種のネットワーク構造を表3.5に示した[77, 124, 159, 160]．

TPEではファンデルワールス力（量子力学的分散力），水素結合，イオン的相互作用などによりゴム分子中の一部のセグメントが凝集してハードドメインを形成し，そのドメインがソフトなゴムマトリックス中に分散してネットワーク構造の架橋点の役割を演ずる．トポロジー的な絡み合いは時間的に一時的で絡み合い点は動いているのに対して，ハードドメインは時間的に安定である．しかし，

表3.5 ポリマーにおける3種のネットワーク構造[77]

タイプ	架橋点	架橋点の構造	実 例
共有結合によるネットワーク構造	永久的・局在化	点	架橋ゴム，熱硬化性樹脂，末端架橋ポリマーネットワーク
可逆性のネットワーク構造	一時的・局在化	点，分子鎖の束，ドメイン	熱可塑性エラストマー，生体高分子ゲル
絡み合いによるネットワーク構造	自由に移動・非局在化	トポロジカルな拘束	生ゴム，ポリマーメルト，ポリマー溶液

高温ではドメインは融解・軟化して架橋構造は消失する．すなわち熱可塑性を有し，これが名称「熱可塑性エラストマー」の由来である．架橋体をゲル（gel）と呼ぶことがあり，化学架橋したものを化学ゲル（chemical gel），TPEなど物理的相互作用によるものを物理ゲル（physical gel）と呼ぶ．ただし，ゲルは溶媒を含んで膨潤した状態について用いることが一般的で，本書で扱う架橋ゴムやTPEにおいては溶媒により膨潤した状態は使用形態ではないので区別が必要である．

3.5.2 化学反応からみたゴムの加工プロセス

(1) 加工と設計

加工（processing）とは人間が原材料に手を加えて製品を完成させる技術過程であり，工学的な技術が最も生かされる場である．工業技術における設計（design）の重要性はいうまでもなく，以下にゴムの加工を設計の観点から概説する[77,159,161]．ゴムの加工に際して，少なくとも当面の製品設計図（product design）をもたなければならない．すなわち，はじめに何らかの設計図がなければ仕事は開始されない（設計図は，加工の各段階での設計と試作の結果によって随時，修正・変更されることはもちろんである）．ハチは見事なハニカム構造（honeycomb structure）をもった巣を作りあげるが，設計図なしに「本能的に」やりとげる．人間はそのような本能には恵まれていないから，たとえ仮であっても設計図を書きあげることからスタートする．設計図を書かない天才であっても，頭のなかには設計図に相当する「何か」があるからこそ作品が創造される．天才といえどもハチではなく，「人間」であるからだ．

(2) 配合設計

ゴム加工の第一歩は配合設計で，原材料を選択しそれらの配合量を決めなければならない．原料ゴムについては分子設計（1次構造設計）の観点からの検討，またゴム工業で多用されるゴムブレンド（2種以上のゴムを混合して原料ゴムとする）では，分子設計と同時にブレンド状態の高次構造設計が必要となる．さらに，配合すべき各種試薬とその配合量を，製品に要求される機能・性能から決定し配合表（compounding recipe）を完成する．ゴムで最も重要なのは加硫設計であろう．すなわち，硫黄，有機加硫促進剤，加硫活性化剤（通常，酸化亜鉛とステアリン酸），早期加硫防止剤などで，加硫系選択のために予備実験による検討が行われることも多い．優れた配合表はいまだ秘密扱いになることも多く，経験と熟練，そしてデザインのセンスが支配的である．技術者は，しかし，そうした経験を可能な限り科学的に解析して配合設計として系統づける努力を怠ってはならない．

(3) 混合とメカノケミカル反応

次いで，ゴム配合物の作製方法，すなわち原材料ゴムと配合剤の混合方法を決めなければならない．各種試薬の混合に先立って，原料ゴムの素練り（mastication）が必要である．これは機械的なせん断応力によりゴムを軟らかくして配合剤の混合を容易にするための工程で，NRにおいては必須である[144]．素練り中にゴム分子鎖は切断されて分子量が低下する．つまり，機械的な操作によって化学反応が起こっており，これはメカノケミカル（mechanochemical）反応と呼ばれている[162]．さらに混合機にゴムと配合剤を投入して混ぜ合わせる操作を混練り（mixing）と呼び，混練り中にもゴムの切断反応やゴムと配合剤との化学反応が起こる場合がある．カーボンブラック（CB）などのナノフィラー表面にはゴム分子鎖断片が付加反応あるいは化学吸着して，フィラー・ゴム界面にバウンドラバー（bound rubber）相が形成される．このメカノケミカル反応を伴ったバウンドラバーの形成は，補強性フィラー（CB，シリカ）のゴムに対する補強効果の一因と考えられている．実験的には，ゴムの良溶媒を用いても抽出されずフィラー表面から分離し難いことから，フィラーゲル（filler gel）と呼ばれることもある．特に，CBの場合には「カーボンゲル」が一部ゴム関係者の用語になっている．しかし，ゴムマトリックス中でCB粒子がネットワーク構造を形成する

ので（4.1節参照），本書では用いない．

　補強用フィラーは基本粒子がナノメートルのサイズであり，フィラーどうしの凝集は避けられない．その相互作用を考慮していかに分散性を上げるかは，今なおゴム技術者の最大関心事である（4.1節参照）．バウンドラバー形成もその際に検討すべき1つの因子であるが，市販フィラーにも多くのグレードがあり，場合によってはフィラー表面の極性を化学修飾により変化させてその効果を確認し[70]，また，カップリング剤（coupling agent）の利用によるゴムとの化学結合の試み[66,67,163～166]など，多岐にわたる検討が必要とされる．フィラーの選択とゴムへの混合方法はノウハウ（know-how，こつ・秘訣）がいまだに幅を利かせている分野かもしれない．

　(4)　成型工程（moulding or shaping）

　得られたゴム配合物（rubber compound）は（必要に応じて他のゴム配合物と張合せなどして組立てを行うことも多い）製品に応じた形状に賦形（shape forming）した後，最終工程である架橋（crosslinking reaction）工程に入る．ここで「ゴム配合物の張合せ」などにおいて，tackiness（日本語ではタックと呼ばれ，一種の粘着性である）などゴムに特有の性質が重要となる．ゴムの場合，加硫反応によって製品の形が最終的に決まるから，加硫工程は加工の最終段階である．ゴム配合物は加工の数段階を通じてゴムに添加された加硫反応試薬，劣化対策用の酸化防止剤やオゾン劣化防止剤，そして加工助剤など多数の材料の混合物で，化学反応性の試薬を含んでいる．最後となる加硫工程で初めて加硫反応が始まるべきものであり，混練り，組立て，賦形など加硫以前のステップでの加硫反応（スコーチ）を可能な限り避けなければならない．スコーチを防ぐための早期加硫防止剤（PVI）も開発されている．加硫の促進剤と同時にPVIが添加されるのは「矛盾」であるが，加硫技術の「妙」ということになっている．要するに，ゴムの加工では各ステップにおけるゴムと配合剤の化学反応性（reactivity）をコントロールするための「高度な」化学が必須で，ゴムの加工をリアクティブ・プロセッシングと呼ぶゆえんはここにある．

　加硫設計と加硫方法は，フィラーによる補強の設計とともに，ゴムの性能にとって最も重要である．この工程の最大の問題は，架橋のなかでも最も重要な加硫の素反応機構がいまだ解明されていないことである（2.3節，4.3節を参照）．しかし，

加硫における詳細な素反応機構が不明なままに,ゴムの加硫技術のパラダイムは1970年代には完成し,現時点でさまざまな条件下での加硫配合と加硫反応条件,加硫機器の選択などが半経験的にではあるが系統的に行われている(4.3項および文献[167]参照).現行の加硫技術のパラダイムに従ってゴム技術者が最初に考えるべきは,「普通加硫(conventional vulcanization),セミEV加硫(semi-efficient vulcanization),EV加硫(efficient vulcanization)のいずれを選択するか?」である.この選択によって,加硫配合決定のために具体的な試験を開始することが可能になる.これら加硫法の詳細については,2.3節および既存のゴム教科書など(英文では,例えば文献[168,169])を参照されたい.

(5) リアクティブ・プロセッシングとしてのゴムの加工

以上のように,ゴムの加工の各段階で化学反応の扱いが重要であるから,加工設計にあたって化学反応の理解に基づいた反応設計が要求される.工学的な(特に機械系の)技術者の間でゴムが敬遠される理由は,この化学的理解の必要性である.この点は,メカノケミカル反応として学術的にも重要な化学反応の新分野開拓に貢献したもので,ゴム技術の歴史的先駆性の証といってよい.このような化学反応を伴った成型加工を「反応成型」と呼ぶことも可能であるが,日本語として定着するには至っていないので本書ではリアクティブ・プロセッシング(reactive processing)を用いた.ゴムの世界だけではなくさらに他の技術面でも,リアクティブ・プロセッシングはその価値を認められつつある.近年プラスチック分野において重要な技術として確立の途上にある反応射出成型(reactive injection moulding:RIM)がそれである.ゴム技術におけるこの加工上の特殊性が,ゴムに留まらず複合材料一般に適用されて,材料加工法の1つとして確立してゆく趨勢にあるといえる.

3.5.3 熱可塑性エラストマー(TPE):加硫なしで使えるゴム?

高温で可塑化されてプラスチックと同様に成形でき,常温ではゴム弾性体としての性質を示す高分子材料がTPE(thermoplastic elastomer)と特徴づけられる.一般に,TPEのハードセグメントはソフトマトリックス中で凝集してハードセグメントドメインを形成する.このドメインの大きさは可視光の波長より小さく,形成された高次構造をミクロ相分離構造(microphase-separated structure)と

3.5 熱可塑性エラストマー（TPE）とリアクティブ・プロセッシング

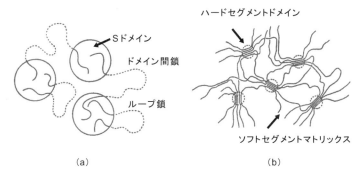

図 3.20 (a) ABA 型トリブロックエラストマーと (b) マルチブロックコポリマーのミクロ相分離構造の模式図[77]

呼ぶ．ゴム弾性を示すためのモルフォロジーとしては海-島型が多い．すなわち，海はソフトマトリックスの連続相で，島はハードセグメントのドメインで 3 次元ネットワーク構造の架橋点の役割を担っている．代表的な TPE の例として，ABA 型トリブロックポリマーであるポリスチレン-ポリブタジエン-ポリスチレン（SBS）のミクロ相分離構造を図 3.20 に示す．SBS は，両ポリマーセグメントの非相溶性のために分子レベルでミクロ相分離（microphase separation）してネットワーク構造を形成し，エラストマーとなる．SBS の動的粘弾性の温度分散では，ミクロ相分離のためポリスチレン（PS）成分とポリブタジエン（PB）成分のガラス転移温度（T_g）において弾性率-温度曲線が 2 段階に転移し，2 つの T_g の間にゴム状平坦領域がある．PB の両端は PS ドメインに固定されているため流動が起こらない．SBS のゴム状平坦領域の動的粘弾性が PB の動的粘弾性に比べて大きいのは，PS ドメインの存在による TPE の自己補強効果である．PS の T_g より高温側では，PS ブロックドメインも流動し PB 鎖の両端の固定が効かなくなるため溶融し，成形やリサイクルが可能となる．したがって，高性能 TPE の分子設計の鍵は，要求される製品の目的に沿うソフトセグメント相の T_g，ゴム状平坦領域の動的粘弾性の設計，そしてハードドメイン相の軟化温度の制御である．

TPE の場合，加工性およびリサイクルの観点からはハードセグメントの軟化点が低い方が望ましいが，製品としては高耐熱性が求められてきた．例えば，SBS のポリスチレン（PS）のガラス転移温度は約 100℃ であり，そのために

SBSの使用上限温度は約70℃となる．そこで，ハード成分としてポリ(α-メチルスチレン)[170]やポリ(エチレンスルフィド)[171]が試みられた．しかし，前者は重合における天井温度が低く，後者はSBSに比べて破断強度が低い欠点があり，ポリ(アルキルメタクリレート)がPS代替セグメントとして注目された．それは，ポリ(t-ブチルメタクリレート)のT_gが約110℃[172]，ポリ(メチルメタクリレート)(PMMA)のT_gがシンジオタクチック構造の場合約120℃[173]，ポリ(ボロニルメタクリレート)のT_gが約190℃[174]，ポリ(イソボロニルメタクリレート)のT_gが約200℃[175]であることに基づく．シンジオタクチックPMMAとイソタクチックPMMAとのステレオコンプレックスのT_mも190℃に迫る[176]．そのほか，ポリシクロヘキサジエン(T_g：約170℃)やその水素添加物(T_g：約220℃)などが耐熱性TPEのハードセグメントとして検討された[177]．また，これらTPEの全体としての耐熱性を上げるために，例えば，SBSのPBソフトセグメントの水素添加反応によりポリスチレン-ポリ(エチレン-co-ブチレン)-ポリスチレン(SEBS)が合成されている[178]．

さまざまなTPEがあるなかで，ミクロ相分離の要因として親水性-疎水性の違い，水素結合性，イオン凝集塊の形成などを利用した物理架橋エラストマーがある．例えば，ハロゲン化ブチルゴムのハロゲン基を反応点としてポリ(オキシエチレン)(PEO)のグラフト化[179,180]，D-マルトノラクトン誘導体をペンダントに導入[181]，などの例がある．両親媒性ポリマー(IIR-g-PEO, IIR-p-ML)は，いずれの場合も親水性セグメントが凝集してドメインを形成し，擬架橋点の働きを担いエラストマーとなる．また，両末端にメソゲン(mesogen, 液晶形成性分子)単位を有するポリオレフィンオリゴマーからもエラストマーが合成できる[182]．

TPEの構造を解明するために，さまざまな高次構造観察が行われている．3次元透過型電子顕微鏡観察をはじめとした各顕微鏡観察のほか，X線分析や中性子散乱測定も強力な構造解析ツールである(4.2.1項参照)．近年，複数の分析を組み合わせて構造を詳細に解析できるようになり，TPEはナノ構造解析の対象として活発な研究が続いている．

3.5.4 動的架橋熱可塑性エラストマー(TPV)：加硫しても熱可塑性？

3.5.2項に概説したリアクティブ・プロセッシングの概念は，射出反応成

3.5 熱可塑性エラストマー（TPE）とリアクティブ・プロセッシング

型（RIM）のようにゴム以外の分野（プラスチック）に向かっただけではなく，ゴム分野内でも新しい発想を生み出した．それが，動的架橋エラストマー（thermoplastic vulcanizate：TPV）である．この TPV 作製の加工技術を動的架橋（dynamic vulcanization）と呼ぶ[183～185]．加硫を行ってなお熱可塑性を示すユニークなこの技術は，「加硫なしで使えるゴム」として世に現れた TPE のまったく逆を行くものであった．動的架橋と命名された由来とその加硫技術を簡単に説明しよう．ポリプロピレン（PP）をプラスチック成分に，エチレン-プロピレン-ジエン三元共重合ゴム（EPDM）をゴム成分に用いた一種のポリマーブレンドで，両者をミキサー中で加熱混合する際に硫黄, 有機加硫促進剤, ステアリン酸, 酸化亜鉛をミキサーに投入する．ミキサー中に PP が溶融状態で存在し，EPDM と加硫試薬が混練されている．つまり，加硫反応場には絶えず応力がかかった動的な状態で EPDM の加硫反応が進行することになる．その結果，生成する動的架橋体 TPV のモルフォロジーは図 3.21(a) に示すもので，加硫 EPDM 粒子が連続相を形成する PP マトリックス中に分散している．熱可塑性は，架橋していない PP が連続相であることに基づく．

樹脂である PP がマトリックスであるのに，なぜ，エラストマーになるのか，という問いに対して2つの回答がある[185～188]．第1は，EPDM 粒子間の PP がかなりの大変形後も弾性を保っていて降伏していないことが2次元有限要素法による応力解析によって示された[186,187]．高温で高せん断場での PP 中に EPDM が溶解し，それが PP のラメラ晶の成長を阻止したと考えられる[187]．第2は，図 3.21(b) に示されるモデルを用いてゴム弾性体としての挙動が説明された[188]．そこでは，ゴム粒子がバネで，連続相の樹脂成分はゴム粒子がバラバラにならぬように接着

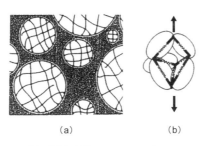

図 3.21 (a) 動的架橋体のモルフォロジー，
(b) 動的架橋の変形のネットワークモデル[184]

させる役割を担っている．いずれにせよ，「動的架橋とは，溶融状態にある熱可塑性プラスチックにゴムを混合し，架橋剤を加えて混練条件下ゴム成分の架橋反応を行って，図3.31(a)のようなモルフォロジーを有するポリマーアロイを得る技術である」といえよう．架橋剤として硫黄／有機加硫促進剤系を用いる場合には「動的加硫」と称することができる．

加硫を不要としたはずのTPEの世界に「加硫」を復活させて新しい材料の創製に成功した点で「動的加硫」は，加硫技術の守備範囲の広さを示す極めて意義深い達成であった．今後のさらなる展開が期待される．近年，バイオマスを利用したTPVの作製も盛んに試みられている[189]．しかし，当然のことながらトライアルアンドエラーの域を出ず経験に頼る部分が多々ある．特に架橋反応の科学的解明と検証を重ねて，その基礎にたった材料設計と加工設計の展開が望まれる．

文　献

1) 日本ゴム協会編（1994）．ゴム工業便覧，第4版，日本ゴム協会，東京．
2) 日本ゴム協会編（2002）．新版ゴム技術の基礎，改訂版，日本ゴム協会，東京．
3) 日本ゴム協会編（2006）．ゴム試験法，第3版，丸善，東京．
4) K. Urayama (2006). *J. Polym. Sci. B : Polym. Phys.*, **44**, 3440.
5) L. R. G. Treloar (1975). *The Physics of Rubber Elasticity*, 3rd ed., Clarendon, Oxford.
6) S. Kawabata et al. (1977). *Adv. Polym. Sci.*, **24**, 89.
7) R. W. Ogden (1986). *Rubber Chem. Technol.*, **59**, 361.
8) T. Kawamura et al. (2001). *Macromolecules*, **34**, 8252.
9) G. Saccomadi et al. eds. (2004). *Mechanics and Thermomechanics of Rubberlike Solids*, Springer, Wien.
10) R. S. Rivlin et al. (1951). *Philos. Trans. Roy. Soc.*, A**243**, 251.
11) K. Urayama et al. (2001). *Macromolecules*, **34**, 8261.
12) T. Kawamura et al. (2002). *J. Polym. Sci. B : Polym. Phys.*, **40**, 2780.
13) K. Urayama et al. (2003). *J. Chem. Phys.*, **118**, 5658.
14) K. Kajiwara et al. (2004). *Rubber Chem. Technol.*, **77**, 611.
15) M. Mooney (1940). *J. Appl. Phys.*, **11**, 582.
16) 浦山健二（2013）．日本ゴム協会誌，**86**, 94.
17) Y. Fukahori et al. (1992). *Polymer*, **33**, 502.
18) T. Kawamura et al. (2003). *Nihon Reoroji Gakkai-shi.*, **31**, 213.
19) K. J. Smith, Jr. et al. (1964). *Kolloid Z. & Z. Polym.*, **194**, 49.
20) K. Bruening (2014). *In-situ Structure Characterization of Elastomers during Deformation and Fracture*, Springer, Ch. 4, p. 84.

21) M. Fujine et al. (2015). *Macromolecules*, **48**, 3622.
22) R. A. Stratton et al. (1963). *J. Phys. Chem.*, **67**, 2781.
23) J. D. Ferry (1980). *Viscoelastic Properties of Polymers*, 3rd ed., Wiley, NewYork.
24) K. Urayama et al. (2004). *Chem. Mater.*, **16**, 173.
25) H. Takino et al. (1997). *Rubber Chem. Technol.*, **70**, 584.
26) C. M. Roland (2011). *Viscoelastic Behavior of Rubbery Materials*, Oxford Univ. Press, Oxford.
27) 小野木重治 (1982). 化学者のためのレオロジー, 化学同人, 京都.
28) 日本レオロジー学会編 (2014). 新講座・レオロジー, 日本レオロジー学会, 京都.
29) I. Krakovsky et al. (2010). *Thermal Analysis of Rubbers and Rubbery Materials*, N. R. Choudhury et al. eds., Smithers Rapra, Shrewsbury, Ch. 9.
30) S. Hirano et al. (2000). *Japanese J. Appl. Phys.*, **39**, Part 1, 3A, 1193.
31) 神戸博太郎 (1974). 高分子の熱分解と耐熱性, 培風館, 東京.
32) 小澤丈夫ら編 (2005). 最新熱分析, 講談社, 東京.
33) B. Wunderlich (2005). *Thermal Analysis of Polymeric Materials*, Springer, New York.
34) A. Kato et al. (2006). *Rubber Chem. Technol.*, **79**, 653.
35) A. Kato et al. (2011). *J. Appl. Polym. Sci.*, **122**, 1300.
36) A. Kato et al. (2012). *Polymer Composites Volume 1: Macro- and Microcomposites*, S. Thomas et al. eds., WILEY-VCH, Boscher, Ch. 17.
37) A. Kato et al. (2013). *Colloid Polym. Sci.*, **291**, 2101.
38) 加藤 淳ら (2014). 日本ゴム協会誌, **87**, 447.
39) R. H. Norman (1970). *Conductive Rubbers and Plastics: Their Production, Application and Test Methods*, Applied Science Pub., London.
40) V. E. Gul (1996). *Structure and Properties of Conducting Polymer Composites*, VHS, Utrecht.
41) 和田八三久 (1987). 高分子の電気物性, 裳華房, 東京.
42) T. Blythe et al. (2005). *Electrical Properties of Polymers*, 2nd ed., Cambridge Univ. Press, Cambridge.
43) 花井哲也 (2001). 不均質構造と誘電率―物質をこわさずに内部構造を探る, 吉岡書店, 京都.
44) S. A. Abeer et al. (2009). *Materials & Design*, **30**, 3760.
45) S. A. Jawad et al. (1997). *Polym. Int.*, **44**, 208.
46) K. S. Cole et al. (1941). *J. Chem. Phys.*, **9**, 341.
47) A. Kato et al. (2014). *Characterization Tools for Nanoscience & Nanotechnology*, S. S. R. Kumar ed., Springer, Berlin, Ch. 4.
48) 加藤 淳ら (2014). 日本ゴム協会誌, **87**, 252.
49) K. Adachi et al. (1985). *Macromolecules*, **18**, 466.
50) 伊藤邦雄編 (1990). シリコーンハンドブック, 日刊工業新聞社, 東京.
51) W. Noll (1968). *Chemistry and Technology of Silicones*, Academic Press, New York.
52) A. G. MacDiarmid ed. (1968). *Organometallic Compounds of the Group IV Elements*, Vol. 1, Part A, Marcel Dekker, New York, p. 231.
53) S. Kohjiya et al. (1990). *J. Mater. Sci.*, **25**, 3368.
54) S. Kohjiya et al. (1990). *Mol. Cryst. Liq. Cryst.*, **185**, 183.

55) G. W. Gray et al. (1974). *Liquid Crystals and Plastic Crystals*, John Wiley & Sons, New York.
56) W. H. de Jeu 著, 石井　力ら訳 (1991). 液晶の物性, 共立出版, 東京.
57) 松本正一ら (1991). 液晶の基礎と応用, 工業調査会, 東京.
58) S. Kohjiya et al. (1985). *Chem. Lett.*, **10**, 1497.
59) S. Kohjiya et al. (1989). *Makromol. Chem., Rapid Commun.*, **10**, 9.
60) T. Hashimoto et al. (1991). *J. Polym. Sci. A : Polym. Chem*, **29**, 651.
61) K. Urayama et al. (1998). *Chem. Phys. Lett.*, **2**, 342.
62) M. De Sarkar et al. (2000). *Liq. Cryst.*, **27**, 795.
63) K. Urayama et al. (2002). *Macromolecules*, **35**, 4567.
64) K. Urayama (2011). *Adv. Polym. Sci.*, **250**, 119.
65) K. Urayama (2013). *Reac. Func. Polym.*, **73**, 885.
66) S. Wolff (1981). *Kautsch. Gummi Kunstst.*, **34**, 280.
67) A. S. Hashim et al. (1998). *Rubber Chem. Technol.*, **71**, 289.
68) R. Rauline (To Compagnie Generale Des Establissements Michelin-Michelin & Cie) (1993). *European Patent* 0501227 ; *US Patent* 5227, 425A.
69) A. Kato et al. (2008). *J. Opt. Soc. Am., Part B*, **25**, 1602.
70) A. Kato et al. (2014). *Chemistry, Manufacture and Applications of Natural Rubber*, S. Kojiya et al. eds., Woodhead/Elsevier, Cambridge, Ch. 9.
71) 加藤　淳ら (2014). 日本ゴム協会誌, **87**(8), 351.
72) K. Matsumura et al. (2001). *J. Mater. Sci. Lett.*, **20**, 2101.
73) 宮坂啓象編 (1992). プラスチック事典, 朝倉書店, 東京, p. 1024.
74) V. P. Kandidov et al. (2006). *Quantum Electronics*, **36**, 1003.
75) 鞠谷信三 (2013). 天然ゴムの歴史, 京都大学学術出版会, 京都.
76) S. Kohjiya (2015). *Natural Rubber : From the Odyssey of the Hevea Tree to the Transportation Age*, Smithers Rapra, Shrewsbury.
77) 鞠谷信三 (1995). ゴム材料科学序論, 日本バルカー工業（株）, 東京.
78) 永田正樹 (1985). 日本ゴム協会誌, **58**, 604.
79) 池田裕子ら (1986). 日本化学会誌, 699.
80) Y. Ikeda et al. (1988). *Polym. J.*, **20**, 273.
81) 池田裕子ら (1992). プラスチックス, **43**, 82.
82) Y. Ikeda et al. (1997). *Polym. Inter.*, **43**, 269.
83) Y. Ikeda et al. (2000). *Electrochim. Acta*, **45**, 1167.
84) S. Kohjiya et al. (2002). *Solid State Ionics*, **154-155**, 1.
85) Y. C. Fung (1981). *Biomechanics-Mechanical Properties of Living Tissue-*, Spring Verlag, New York.
86) 横堀武夫 (1986). 化学工学, **50**, 670.
87) J. B. Park (1984). *Biomaterials Science and Engineering*, Plenum Press, New York.
88) N. R. Legge (1989). *Rubber Chem. Technol.*, **62**, 529.
89) D. J. Lyman et al. (1975). *Trans. Am. Artif. Int. Organs*, **21**, 49.
90) S. Kohjiya et al. (1991). *Polym. J.*, **23**, 991.
91) 岡野光男ら (1982). バイオマテリアルサイエンス, 第二集, 鶴田禎二ら編, 南江堂, 東京,

3.5 熱可塑性エラストマー（TPE）とリアクティブ・プロセッシング

p. 57.
92) B. Scrosati et al. (2000). *MRS Bull.*, **56**, 265.
93) S. Kohjiya et al. (1990). *Second International Symposium on Polymer Electrolytes*, B. Scrosati ed., Elsevier Applied Sci., London, p. 187.
94) S. Kohjiya et al. (1998). *Bull. Chem. Soc. Jpn.*, **71**, 961.
95) S. Kohjiya et al. (1998). *Mater. Sci. Res. Inter.*, **4**, 73.
96) S. Kohjiya et al. (2000). *Polym. Inter.*, **49**, 107.
97) Y. Ikeda et al. (2000). *Rubber Chem. Technol.*, **73**, 720.
98) S. Murakami et al. (2002). *Solid State Ion.*, **154-155**, 399.
99) Y. Matoba et al. (2002). *Solid State Ion.*, **147**, 403.
100) T. Minami et al. eds. (2005). *Solid State Ionics for Batteries*, Springer, Tokyo.
101) M. Tatsumisago et al. (1993). *J. Ceram. Soc. Jpn.*, **101**, 1315.
102) A. Hayashi et al. (2001). *Chem. Lett.*, **8**, 814.
103) Y. Ikeda et al. (2001). *Polymer*, **42**, 7225.
104) Y. Tanaka (2001). *Rubber Chem. Technol.*, **74**, 355.
105) こうじや信三（2015）．日本ゴム協会誌，**88**，18 & 93.
106) G. G. Lowry, ed. (1970). *Markov Chains and Monte Carlo Calculations in Polymer Science*, Marcel Dekker, New York.
107) 山下雄也ら（1975）．共重合 1. 反応解析，高分子学会編，培風館，東京，1, 2 章.
108) A. E. Alexander 著，櫻田一郎ら訳（1973）．高分子の X 線回折，化学同人，京都.
109) S. D. Gehman (1940). *Chem. Rev.*, **26**, 203.
110) L. Mandelkern (1994). *Rubber Chem. Technol.*, **66**, G61.
111) J. R. Katz (1925). *Naturwissenschaften*, **13**, 410 & 900.
112) 池田裕子ら（2008）．日本レオロジー学会誌，**36**，9.
113) 池田裕子（2011）．日本ゴム協会誌，**84**，29.
114) 池田裕子（2011）．繊維学会誌，**67**(2)，43.
115) S. Toki (2014). *Chemistry, Manufacture and Applications of Natural Rubber*, S. Kohjiya et al. eds., Woodhead/Elsevier, Cambridge, Ch. 5.
116) A. H. Tullo (2015). *Chem. & Eng. News*, April 20, 18.
117) S. Murakami et al. (2002). *Polymer*, **43**, 2117.
118) T. Tosaka et al. (2004). *Macromolecules*, **37**, 3299.
119) Y. Ikeda et al. (2008). *Macromolecules*, **41**, 5876.
120) M. Yamamoto et al. (1971). *J. Polym. Sci.*, A-2(9), 1399.
121) S. Kohjiya et al. (2007). *Polymer*, **48**, 3801.
122) M. Hernandez et al. (2011). *Macromolecules*, **44**, 6574.
123) S. C. Nyburg (1954). *Acta Cryst.*, **7**, 385.
124) 鞠谷信三（1987）．化学工業，**38**，579.
125) T. Karino et al. (2007). *Biomacromolecules*, **8**, 693.
126) Y. Ikeda et al. (2009). *Macromolecules*, **42**, 2741.
127) T. Suzuki et al. (2010). *Macromolecules*, **43**, 1556.
128) S. Trabelsi et al. (2002). *Macromolecules*, **35**, 10054.
129) S. Trabelsi et al. (2003). *Macromolecules*, **36**, 7624.

130) S. Trabelsi et al. (2004). *Rubber Chem. Technol.*, **77**, 303.
131) J.-B. LeCam et al. (2004). *Macromolecules*, **37**, 5011.
132) Y. Miyamoto et al. (2003). *Macromolecules*, **36**, 6462.
133) Y. Ikeda et al. (2007). *Polymer*, **48**, 1171.
134) S. Trabelsi et al. (2003). *Macromolecules*, **36**, 9093.
135) S. Poompradub et al. (2004). *Chem. Lett.*, **33**, 220.
136) S. Poompradub et al. (2005). *J. Appl. Phys.*, **97**, 103529.
137) J. Rault et al. (2006). *Macromolecules*, **39**, 8356.
138) S. Toki et al. (2004). *J. Polym. Sci. B : Polym. Phys.*, **42**, 956.
139) S. Toki et al. (2004). *Rubber Chem. Technol.*, **77**, 317.
140) Y. Ikeda et al. (2014). *Colloid Polym. Sci.*, **292**, 567.
141) L. Bateman ed. (1963). *The Chemistry and Physics of Rubber-Like Substances*, MacLaren & Sons, London.
142) A. D. Roberts ed. (1988). *Natural Rubber Science and Technology*, Oxford Univ. Press, Oxford.
143) J. Che et al. (2013). *Macromolecules*, **46**, 9712.
144) 橋爪慎治（1990）．日本ゴム協会誌，**63**，71.
145) L. A. Wood et al. (1946). *J. Appl. Phys.*, **17**, 362.
146) 斎藤信彦（1958）．高分子物理学，裳華房，東京．
147) A. Stevenson et al. (2001). *Engineering with Rubber : How to Design Rubber Compounds*, 2nd ed., A. G. Gent ed., Hanser, Munich, p. 192.
148) C. W. Bunn (1942). *Proc. Roy. Soc. A*, **180**, 40.
149) G. Natta et al. (1956). *Angew. Chem.*, **68**, 615.
150) Y. Takahashi et al. (2004). *Macromolecules*, **37**, 4860.
151) A. Immirizi et al. (2005). *Macromolecules*, **38**, 1223.
152) G. Rajkuma et al. (2006). *Macromolecules*, **39**, 7004.
153) A. N. Gent (1954). *Trans. Faraday Soc.*, **50**, 521.
154) A. N. Gent (1954). *Trans. IRI*, **30**(6), 139.
155) D. R. Burfield (1984). *Polymer*, **25**, 1823.
156) D. E. Roberts et al. (1960). *J. Am. Chem. Soc.*, **82**, 1091.
157) A. Cameron et al. (1989). *J. Polym. Sci. A : Polym. Chem.*, **27**, 1071.
158) J. M. Chenal et al. (2007). *J. Polym. Sci. B : Polym. Phys.*, **45**, 955.
159) 鞠谷信三（1993）．レオロジーとその測定および応用，村上謙吉編，技術情報協会，p. 298-321.
160) S. Kohjiya (1995). *Macromol. Symp.*, **93**, 27.
161) 鞠谷信三（2000）．ゴムの事典，奥山通夫ら編，朝倉書店，2.4節．
162) D. J. Angier et al. (1956). *J. Polym. Sci.*, **20**, 235.
163) E. P. Plueddemann (1982). *Silane Coupling Agents*, 2nd ed., Plenum Press, NewYork.
164) M. P. Wagner (1971). *Rubber World*, **164**, 46.
165) S. Kohjiya et al. (2000). *Rubber Chem. Technol.*, **73**, 534.
166) W. Meon et al. (2004). *Rubber Compounding : Chemistry and Applications*, B. Rodgers ed., Marcel Dekker, New York, Ch. 7.
167) 池田裕子ら（2015）．化学，**70**(6), 19.

168) H. Long (1985). *Basic Compounding and Processing of Rubber*, ACS Rubber Division, Akron.
169) M. Morton (1995). *Rubber Technology*, 3rd ed, Chapman & Hall, London.
170) L. J. Fetters et al. (1969). *Macromolecules*, **2**, 453.
171) M. Morton et al. (1993). *J. Macromol. Sci., Chem.*, **A7**, 1391.
172) T. E. Long et al. (1989). *J. Polym. Sci. Part A : Polym. Chem.* **27**, 4001.
173) J. M. Yu et al. (1996). *Macromolecules*, **29**, 6090.
174) A. Matsumoto et al. (1993). *J. Polym. Sci. Part A : Polym. Chem.* **31**, 2531.
175) J. M. Yu et al. (1996). *Macromolecules*, **29**, 7316.
176) E. Schomaker et al. (1988). *Macromolecules*, **21**, 2195.
177) E. Schomaker et al. (1988). *Macromolecules*, **21**, 3506.
178) I. Natori (1997). *Macromolecules*, **30**, 3696.
179) S. Yamashita et al. (1993). *J. Polym. Sci. Part A : Polym. Chem.*, **31**, 2437.
180) Y. Ikeda et al. (1995). *J. Polym. Sci. Part B : Polym. Phys.*, **33**, 387.
181) Y. Ikeda et al. (1995). *J. Polym. Sci. Part A : Polym. Chem.*, **33**, 2657.
182) Y. Ikeda et al. (2000). *J. Polym. Sci. Part B : Polym. Phys.*, **38**, 2247.
183) A. Y. Coran et al. (1980). *Rubber Chem. Technol.*, **53**, 141 & 781, および *Rubber Chem. Technol.* に掲載された続報（1981～1983, 1985）を参照.
184) A. Y. Coran et al. (1996). *Thermoplastic Elastomers*, 2nd ed., G. Holden et al., eds., Hanser, München, Ch. 7.
185) 鞠谷信三ら (1996). 新素材（後編），**7**(4), 28.
186) Y. Kikuchi et al. (1991). *Polym. Eng. Sci.*, **31**, 1029.
187) 井上隆 (1999). 日本ゴム協会誌, **72**, 514.
188) S. Kawabata et al. (1992). *J. Appl. Polym. Sci. : Appl. Polym. Symp.*, **50**, 245.
189) Y. Chen et al. (2014). *Appl. Mater. Interfaces*, **6**, 3811.

〈コラム〉
1) 伊藤邦雄編 (1990). シリコーンハンドブック，日刊工業新聞社，東京.
2) 井原清彦・鞠谷信三編 (1990). フッ素系ポリマー，共立出版，東京.

4 ゴム・エラストマー技術の新展開

4.1 補強性ナノフィラーの重要性とその凝集構造

4.1.1 ゴム／ナノフィラー複合体

20世紀初頭に現れたカーボンブラック（CB）を充てんした加硫ゴムは，20世紀後半に実用化された繊維補強プラスチック（fiber-reinforced plastics：FRP）とともに典型的なポリマー系複合材料である．例えば，自動車タイヤのトレッドゴムはタイヤの機能を担う最も重要な部分である（その機能については5.2節を参照いただきたい）．また，コラム4（p.120）で説明する免震用積層ゴム（base isolation laminated rubber bearing）は振動を切り離す，つまり地震振動から免れるためのデバイス（isolator）であり，そのゴム層にも各種フィラー，配合剤を充てんしたゴム複合体が使用されている．この場合のフィラー充てんゴムも，重量物を支えかつ免震の機能を発揮できる貴重な素材（粘弾性体）である．

このように重要なナノフィラーのゴムへの充てん効果[1,2]は，図4.1に示すフィラーの凝集を考慮したモルフォロジー（morphology）によって説明される[3~5]．図4.1(a)はゴム中の，例えばCB粒子（大きさ3.0 nm～100 nm）の模式図である．CB／ゴム界面には数nm～10 nmのバウンドラバー（bound rubber）と呼ばれる運動性の低いゴム層が形成される[1,2,6,7]．CBは製造の段階ですでに凝集してアグリゲート（aggregate，大きさ約20 nm～1000 nm）と呼ばれる凝集体を形成しており[1,8]，実際のイメージは図4.1(b)に示すようなものであろう．CB充てん量を増加してゆくと，CB凝集体が成長してそのサイズが大きくなることから，バウンドラバーを介して，CB凝集体であるアグリゲートがさらに凝集して，図4.1(c)に示すアグロメレート（agglomerate，大きさ約100 nm～1000 nm）が形

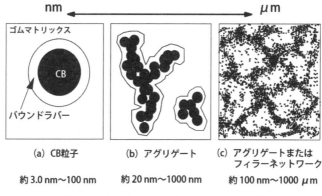

図4.1 ゴムマトリックス中のモルフォロジー[3]

成されると推定される.

ゴムマトリックス中のCBの場合,アグロメレートはある種のネットワーク構造を形成していると仮定されてきたが[1,2,7,8],最近になって3D-TEMによりその構造が観測されて解析されるようになってきた[3~5].この疑似的なネットワークは,ペイン効果[9~11]やマリンス効果[12]のようなナノフィラー充てん加硫ゴムに特異な力学的特性の原因の1つと考えられている(ただし,これら2つの効果は低度ではあるがナノフィラー非充てん系でも認められる場合があり,フィラーの寄与だけで完全な説明はできないと思われる).多くのゴム技術者は,バウンドラバーとともに,ゴム中CBで形成されたネットワーク構造がCBのゴム補強効果の重要な因子であると仮定して,従来はフィラーの「ストラクチャー(structure)」効果と呼ばれてきた.それゆえ,ゴムマトリックス中のナノフィラー分散・凝集状態を3次元的に可視化することは,長年の間,ゴム科学者・技術者の夢であったといえるだろう.以下,本節ではアグリゲートを凝集体と記し,アグロメレートはCBネットワークとして説明する.

4.1.2 3次元透過型電子顕微鏡観察の原理と測定法
(1) 3次元透過型電子顕微鏡法
3次元透過型電子顕微鏡(three-dimensional transmission electron microscopy:3D-TEM)は,電子線トモグラフィー(electron tomography)と

も呼ばれる最新の構造解析法であり，電子顕微鏡像で立体的な構造が可視化できる[13,14]．3D-TEM 観察では，超薄片試料を段階的に傾斜させながら（2°ステップ），角度範囲は −70°〜+70°で連続傾斜像71枚を撮影し，コンピュータによりトモグラフィー処理を行う．まず，像の厳密な位置合わせを行ったのち，ラドン変換（Radon transform），さらに逆ラドン変換（Radon inversion transform）を行って，これらの傾斜像から3次元像を再構築する[5,15〜18]．ラドン変換とラドン逆変換，3次元画像の再構築法については，成書[13]を参照されたい．

（2） 3D-TEM の試料前処理と観察法

当初，ナノフィラー充てん加硫ゴム超薄片の 3D-TEM 観察で得られたスライス像はコントラストが低く，これらのスライス像から3次元画像構築は困難であった．その理由として，加硫促進助剤の酸化亜鉛とその他の配合剤との反応で生成するゴム可溶性亜鉛（例えば，ステアリン酸亜鉛等）による電子線の散乱が考えられた．そこで，超薄片調製前に，室温下，オリジナル溶液（ジエチルエーテル：ベンゼン：濃塩酸＝43：14：43（ml））に，ナノフィラー充てん加硫ゴムシートを浸漬することにより，ゴム可溶性亜鉛化合物を除去する前処理法（NARC-AK 法）が開発された[16〜18]．この NARC-AK 法により，高コントラストのスライス像が得られ[3〜5,15,19〜22]，ソフトウエア IMOD[23]と AMIRA[24]による3次元画像構築が可能になった．ただし，未加硫ゴムはオリジナル液に可溶であるため，未加硫ゴムには適用できない．

4.1.3 ゴムマトリックス中のフィラーネットワーク

（1） フィラーネットワークの可視化

亜鉛化合物を除去した CB 充てん加硫天然ゴム（NR）の 3D-TEM 像を図 4.2 に示した．試料 CB-10, CB-20, CB-40, CB-80 の CB 充てん量はそれぞれ 10, 20, 40, 80 phr である．白く見える粒子が CB で，黒い部分がゴムマトリックスである．CB の充てん量が低い CB-10 でも数個の粒子からできた凝集体が観察された．CB の充てん量が増加するのに伴い，CB の凝集体が成長していく様子がわかる．さらに，CB の充てん量が最も高い CB-80 では密に隣接する大きな凝集体が多数観察された．図 4.2 の画像処理により，最近接 CB 凝集体の重心間距離（d_g）や粒子表面間距離（d_p）を求めることができる[3,4,19〜33]．まず，CB 凝集体としては，

4.1 補強性ナノフィラーの重要性とその凝集構造

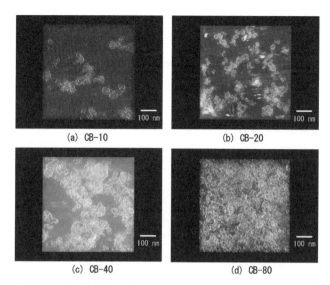

図 4.2 Zn 化合物を除去した CB 充てん加硫 NR の 3D-TEM イメージ[3]

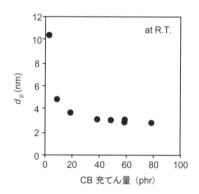

図 4.3 CB 凝集体の最近接粒子間距離 (d_p) の CB 充てん量 (W_{CB}) 依存性[19]

仮に,3D-TEM の分解能である約 1 nm 以内で隣接する CB 1 次粒子の集まりを CB 凝集体と設定した.また,最近接する 2 つの CB 凝集体の重心間の距離を d_g,重心間を結ぶ線上における粒子表面間の距離(最近接粒子間距離)を d_p と定義する.d_p の CB 充てん量への依存性を図 4.3 に示した.CB 充てん量の増加に伴い,d_p は急激に減少し,CB 充てん量 40 phr 以上で一定になる傾向が認め

られた.このことは,40 phr よりも CB 充てん量が低い領域では,CB 凝集体がゴムマトリックスに不均一に分散し,CB 充てん量の増加に伴い,局所的に凝集し,さらに,CB 充てん量 40 phr 以上では,ある臨界値の d_p で CB 凝集体が連結し,CB ネットワークが形成されることを示唆している.この臨界値の d_p が約 3 nm である.なお,体積抵抗率(ρ_v)の CB 充てん量依存性も,d_p の CB 充てん量依存性と同様の傾向を示した[3].

また,前述した d_p の臨界値(約 3 nm)に関しては,西[34]や O'Brien ら[35]が NMR 測定結果から推定した,CB 周囲のバウンドラバー(拘束層)の厚さ(数 nm)にほぼ一致する.このことから,CB 凝集体はバウンドラバーを介して相互に連結し,CB ネットワークを形成すると考えられる.そこで,CB-10, 20, 40, 80 の 3 次元 CB ネットワーク構造を可視化するために,d_p = 約 3 nm で最近接にある CB 凝集体の重心を結んで線図を作成した.得られた 3 次元ネットワーク構造の線図を図 4.4 に示す.図中,観察した試料直方体の角に太い線で示した長さは 100 nm を示している.CB 充てん量が 20 phr 以下の低い場合,孤立した CB アグリゲートが局所的に存在するのに対して,40 phr 以上では CB ネットワーク構造が試料全体に連結,拡張したものと判断される.したがって,CB 充てん量

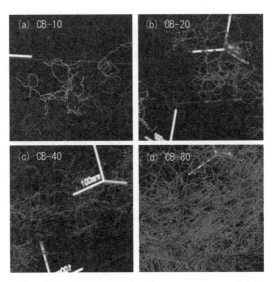

図 4.4 CB-10, 20, 40, 80 における CB ネットワーク構造[20]

4.1 補強性ナノフィラーの重要性とその凝集構造　　　117

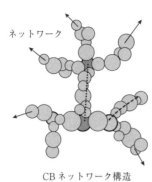

【ネットワークパラメーター】
・3D-TEM 像視野総体積：TV
・架橋点数：$N.Nd$
・分岐点数：$N.Tm$
・架橋点密度：$N.Nd/TV$
・分岐点密度：$N.Tm/TV$
・架橋鎖度：$N.NdNd$
・分岐鎖度：$N.NdTm$
・架橋鎖の数密度：$N.NdNd/TV$
・分岐鎖の数密度：$N.NdTm/TV$
・架橋鎖の分率：
　$N.NdNd/(N.NdNd+N.NdTm)$
・分岐鎖の分率：
　$N.NdTm/(N.NdNd+N.NdTm)$
・フラクタル次元など

図 4.5　CB ネットワーク構造模式図とそのパラメーター[3]

40 phr 以上における高い伝導性はこのようなネットワークを介して電子が移動することによると考えられ，パーコレーションの考えと合致する．なお，いずれの試料においても，CB 凝集体の架橋鎖と分岐鎖が観察されたが，孤立鎖（ネットワークに連結していない鎖）はほとんど観測されなかった．

次に，図 4.5 に CB 凝集体ネットワーク構造に関するパラメーターを定義した．実線の矢印はネットワークへの連結を表している．架橋点間を結ぶ鎖が架橋鎖（$NdNd$）であり，分岐点から枝状に伸びた鎖が分岐鎖（$NdTm$）である．3D-TEM 観察対象体積（TV）内の，架橋鎖，分岐鎖の数をそれぞれ $N.NdNd$，$N.NdTm$ とすると，単位体積あたりの架橋鎖，分岐鎖の密度は $N.NdNd/TV$，$N.NdTm/TV$ と表記される．また，ネットワーク構造を構成する架橋鎖分率（F_{cross}）と分岐鎖分率（F_{branch}）を下記のように定義することができる．

$$F_{\mathrm{cross}} = \frac{N.NdNd}{N.NdNd + N.NdTm} \quad (4.1)$$

$$F_{\mathrm{branch}} = \frac{N.NdTm}{N.NdNd + N.NdTm} \quad (4.2)$$

F_{cross} と F_{branch} の CB 充てん量（W_{CB}）依存性を図 4.6 に示した．F_{cross} は W_{CB} が 40 phr より低い W_{CB} でほぼ線形的に増加し，40 phr 以上でほぼ線形的に減

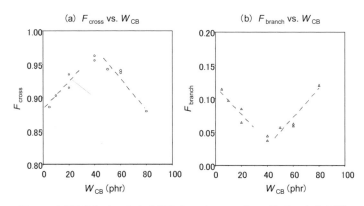

図 4.6 架橋鎖分率（F_{cross}）と分岐鎖（F_{branch}）の CB 充てん量（W_{CB}）依存性[3]

少した．これに対して，F_{branch} はまったく逆の傾向を示した．このことから，40 phr より低い W_{CB} では，分岐鎖同士が連結して架橋鎖を生成するのに対して，40 phr 以上ではネットワークの立体的な障害から架橋鎖の生成が阻害され，分岐鎖が増加するものと解釈される[3, 19~22, 27~31]．

(2) CB ネットワーク形成のメカニズム

CB 凝集体の連結により形成された CB ネットワーク構造に，ゲル化理論を適用し以下のような解析を行った[36]．ゾルとゲルに関する Charlesby[37~39] の取り扱いでモノマーに相当する基本単位の質量を m（kg）とし，これが 1~n 個連結したオリゴマーに相当する CB 凝集体フラグメントが架橋すると仮定する．CB ネットワーク形成前では，分子量 x_y でその個数 N_y 個（$y = 1$~n）のフラグメントが混在する．3 次元網目構造を生成するには，このフラグメントの内には，CB 凝集体同士を連結することができる部分の数，すなわち官能性（functionality, F）が 2 以上であることが必要となる．したがって，フラグメントは，F を有する x_n 量体の鎖とみなすことができる．ここで，同じフラグメント内の連結はないと仮定すると，F が連結した割合 q は 1 つの F が連結する確率に等しく，$(1-q)$ は連結しない確率である．注目する 3D-TEM 像視野内にある基本単位の総数を A とすれば，A は $N_y x_y$ の総和になる．また，3D-TEM の視野体積（TV）の架橋数（$N.Nd$）は Aq に等しい．これらのことを考慮すると，架橋点の密度（$N.Nd/TV$）は式（4.3）で表記できる[40]．

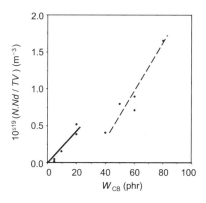

図 4.7 CB ネットワークの架橋点密度 ($N.Nd/TV$) と W_{CB} との関係[40]

$$\frac{N.Nd}{TV} = \frac{q}{\xi m TV} W_{CB} \qquad (4.3)$$

ここで，ξ：ゴム中に CB が均一に分散すると仮定した場合の CB 含有量補正係数（＝CB 充てんコンパウンドの体積／3D-TEM 像視野体積），m：CB 凝集体フラグメントを構成する基本単位の重量，W_{CB}：CB 充てん量（phr）である．

図 4.7 は CB ネットワークの $N.Nd/TV$ と W_{CB} との関係である．$W_{CB} \leqq 20$ phr の領域において，$N.Nd/TV$ の W_{CB} 依存性が近似的に原点を通る直線（図中の実線）関係であることから，この領域における CB 凝集体の形成はゲル化理論[37〜39]に従うことがわかる．なお，後述するが，20 phr＜W_{CB}＜30 phr の領域には，CB 凝集構造に関する構造相転移（structural phase transition）が存在すると考えられる．さらに，40 phr$\leqq W_{CB}$ の領域でも，$W_{CB} \leqq 20$ phr の領域における傾きよりも大きな傾きの直線（図 4.7 中の破線）関係が認められる．このことは，$W_{CB} \leqq 20$ phr の領域よりも大きな F や q を有する CB ネットワーク鎖が生成し，それらの連結により，さらに高次のネットワーク構造が生成することを示唆する．

4.1.4 ナノフィラーによるゴム補強のメカニズム

CB ネットワークのモルフォロジー（図 4.1）をもとに，CB のゴム補強効果は CB／ゴム相互作用層を介した CB ネットワーク形成によることが推定され

た[16,22,32,33,40)]．さらに，力学特性に関して，ゴムマトリックスとCB／ゴム相互作用層の2相系の複合則[41)]を仮定した．そして，CBを除外して，NRマトリックスとCB／NR相互作用層（CB／NR interaction layer：CNIL）の体積分率（$\phi_{ui/s(without\ CB)}$, $\phi_{i/s(without\ CB)}$）を下記のように定義した．なお，CB充てん加硫NR（図4.2の，3D-TEM像の視野直方体）とCBおよびCNILの体積をそれぞれV_s, V_{CB}, V_iと表記する．

$$\phi_{ui/s(without\ CB)} = 100 \times \frac{V_s - V_i - V_{CB}}{V_s - V_{CB}} \quad (4.4)$$

$$\phi_{i/s(without\ CB)} = 100 \times \frac{V_i}{V_s - V_{CB}} \quad (4.5)$$

$$\phi_{ui/s(without\ CB)} + \phi_{i/s(without\ CB)} = 1 \quad (4.6)$$

2相の直列および並列複合モデルで，CB充てんゴムとゴムマトリックス，ならびにCB／ゴム相互作用層の弾性率をそれぞれ，G', G'_{ui}, G'_iとすると，2相の直列および並列モデルに対して，それぞれ式（4.7），式（4.8）が得られる．

$$\frac{1}{G'} = \phi_{ui/s(without\ CB)} \frac{1}{G'_{ui}} + \phi_{i/s(without\ CB)} \frac{1}{G'_i} \quad (4.7)$$

$$G' = \phi_{ui/s(without\ CB)} G'_{ui} + \phi_{i/s(without\ CB)} G'_i \quad (4.8)$$

ここで，CB充てんNRの3D-TEM像の画像処理により，CNILの可視化と計測を行う．CB／ゴム界面では，CB表面から離れるに従い，ポテンシャルエネルギーが変化する距離（変化点）がいくつか存在すると予想される．これらの変化点のなかで最も安定な位置が3D-TEM観察から得られた最近接粒子表面間距離（d_p＝約3nm）に相当する（図4.3）．CB凝集体間の最近接するCB凝集体が界面層d_p＝約3nmを共有して連結し，強固な接合が期待できる．このd_p値は，中嶋ら[42)]がAFMを用いて見出したCB周囲のガラス状態のNR層，すなわち，最も弾性率の高い層の厚さに相当すると解釈できる．図4.8は，CNILの厚さ（＝d_p）を約3nmと仮定した場合のCNILの3次元イメージである．この図では，CNILを見やすくするためにマトリックスゴムとCB粒子およびCB凝集体を黒く配色するとともに，d_p＝約3nmより離れたCNILを別々の配色で表示にした．また，画像処理により，図4.8から，CNILとNRマトリックスの体積分率を求めた．詳細な計算[16,22,32,33)]の結果として，G'_i＝140 MPaが得られた．こ

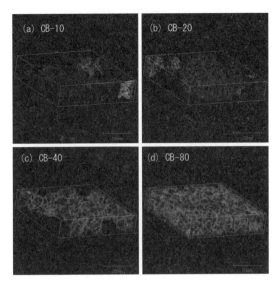

図 4.8 CB/NR 相互作用層（d_p = 約 3 nm）の 3 次元イメージ[19]

の G_i' の値は，中嶋ら[42]が報告した CB 周囲の高弾性層からその外側層との間の弾性率に対応している．

結論として，NR の運動性が最も拘束された CNIL を介して，CB 凝集体どうしの連結により，CB ネットワークが形成される．その際，W_{CB} = 20 phr 以下では，ゲル化理論に従って，CB 凝集体サイズが大きくなり，40 phr より高 W_{CB} ではゲル化が進展することがわかった．また，CB を除外した CNIL と NR マトリックスの体積分率に関する 2 相並列複合モデルを用いることにより，CB 充てん量 $\geqq$ 40 phr では CB 充てん加硫 NR の貯蔵弾性率と CNIL 体積分率との間に線形相関が見出されるとともに，CNIL の貯蔵弾性率が 140 MPa であることがわかった．さらに，ここで得られた CNIL の体積分率と線膨張係数との関係は階段状を呈し，30 phr 付近に構造相転移があることが示唆された．なお，CB 充てん量 $\leqq$ 20 phr では 2 相直列モデルではなく，オクルードラバー（occluded rubber）を含有する CB アグリゲートとマトリックスゴムとの流体力学的相互作用（hydrodynamic interaction）により，その粘弾性挙動の説明が可能になると考えられる[33]．

コラム4　ゴムを用いた免震デバイス

　地震の振動に対応する技術は，耐震，制震，免震に分類される．耐震（vibration resistance）とは建造物の剛性を高めることによって地震に耐えうること，制震（vibration control）とは建造物にダンパ等をつけて揺れを吸収すること，免震（vibration isolation）とは積層ゴム（rubber-metal laminated bearing；rubber bearing と呼ばれることが多い）構造をもつ免震デバイス等によって建造物を地盤の揺れと切り離す（揺れを免ずる）ことにより大きな振動がはたらかないようにすること，である．免震を実現するには建物の重量を支えつつ水平方向の震動を吸収する構造でなければならない．鋼板と薄いゴムを交互に積層・接着する積層ゴム免震デバイスにより，鉛直荷重に対するゴムの樽型変形を抑制し，かつ水平剛性が鉛直剛性の数千分の1という特性を実現できる[1,2]．

　建物用の積層ゴム免震デバイスの形状は円筒状のものが多く，建物重量の支持力と水平剛性は水平断面積に，水平変形能力は直径に比例する．積層ゴム免震デバイスは構造物を地盤の震動から切り離す構造なので，構造物の加速度・変形は3分の1から5分の1程度になる．免震デバイスを用いた建物の歴史は新しく，1969年マケドニアのスコピエにある小学校に積層タイプではないゴム免震デバイスが最初に用いられたといわれている．天然ゴムを使用した積層ゴム免震デバイスでは，（粘弾性の粘性より弾性が優先することにより）減衰性能が小さいために，地盤の揺れが停止した後も，建造物がゆっくりとではあるが揺れ続ける可能性がある．したがって，ダンパなどを併用して装置全体として粘性あるいは塑性（plasticity）をもたせている．ダンパにはオイルダンパのように高粘性流体の抵抗を利用したもの，鉛ダンパのように弾塑性材料の履歴ループを利用したもの，鋼板の摩擦力を利用したものなどがある．一方，天然ゴムに高粘性のゴム，樹脂，シリカ粒子などを配合してゴム層自身の減衰特性を高めた高減衰積層ゴム免震デバイス（highly damping rubber bearing：HDRB）も開発されている．

　重量の軽い戸建住宅に積層ゴム免震デバイスを適用した場合，積層ゴム径が小さくなるため変形能力が確保できない，構造物の加速度が小さくなりにくい等の問題点があるので，積層ゴム免震デバイスの代わりに滑り機構を利用した免震デバイスも開発されている．また，積層ゴム免震デバイスは建造物を支える必要性のために鉛直剛性が高いので，鉛直方向の震動が加わる直下型地震では十分な免震効果が得られにくい課題があったが，3次元免震技術によって解決されつつある．

今後，積層ゴム免震デバイスは新築建物への適用だけでなく，耐震性能の劣る既存建物（例えば，貴重な文化財を収納する建物や，建物自身が文化財として長期の保存が要請される場合などは特に重要であろう）を免震構造に改修する免震レトロフィット等への適用も広がっていくと予想される．　　　　　　　　　　［中島幸雄］

4.2　ネットワーク構造の散乱法・分光法による評価

4.2.1　加硫反応と網目構造の不均一性：X線散乱と中性子小角散乱
(1) X線と中性子線

加硫反応により生成するゴムの三次元網目構造は0.1 nm～数 μm に及ぶ．加硫ゴムの構造で，最近まで明確でなかったのは，数～数百 nm 領域であった．このサイズの構造を評価する手法として，X線・中性子線による散乱法がある[43～45]．X線は約 0.05～0.25 nm の波長をもつ電磁波で，最も代表的なものは銅の特性X線（Cu-Kα線）0.154 nm である．このX線を用い 1 nm から 100 nm オーダーの構造を観察する場合，Bragg の条件より散乱ベクトル（波数ベクトルともいう）$q = 6.28$～0.0628 nm^{-1}，すなわち散乱角 $2\theta = 8.82$～$0.0882°$ の小角から超小角領域の散乱X線を測定する．X線の散乱はX線と分子内原子の電子との相互作用によるもので，軽元素である炭素を主骨格としアモルファス構造からなる加硫ゴムの網目構造よりも，網目鎖と架橋サイトとの間の電子密度の差が明確な熱可塑性エラストマー(TPE)などのモルフォロジー研究に小角X線散乱(SAXS)測定が用いられてきた[46,47]．現在では，強力な白色X線であるシンクロトロン放射光をモノクロメータで単色化することにより，実験に使用するX線波長をある程度自由に選択することが可能となって構造研究の範囲が広がっている．

一方，中性子散乱は中性子線と分子内原子の原子核との相互作用によるもので，X線で検出困難な軽元素，水素を選択的に観察することが可能である．中性子線は熱中性子の粒子ビームで 0.01～0.5 eV のエネルギー（つまり 0.286～0.0404 nm の波長）をもつ物質波である．原子核ごとに中性子線との相互作用は変化し，微視的断面積を用いて「単位時間単位表面積あたりにどれだけの相互作用が起こるか」を指標とする．中性子散乱では干渉性散乱と非干渉性散乱があり，干渉性散

乱は回折による散乱で複数の原子核からの散乱，すなわち構造情報を反映する．一方，非干渉性散乱は中性子と散乱物質がもつスピンの存在によって引き起こされる．散乱核のスピンが0でない場合，中性子のスピンの向きにより，散乱における散乱振幅（散乱の強度に関係する量）が異なり，干渉的散乱を起こす確率は低く，非干渉性散乱が主となる．水素原子は大きな非干渉性散乱断面積をもつが，重水素原子の非干渉性散乱断面積は非常に小さい．これが，ゴムを含む有機高分子網目の構造解析を行う出発点となる．そこで，非干渉性散乱断面積の小さな重水素溶媒で高分子網目を膨潤させ，非干渉性散乱断面積の大きな水素をもつ高分子網目とのコントラストが高い状態を作ることにより，網目構造の情報を得ることができる．架橋ゴムの場合も，適切な系ではポリマーゲルでよく行われている膨潤可視化法小角中性子散乱（SANS）測定を用いて，例えば重水素化トルエンで膨潤させて架橋ゴムの網目構造を探究することができる．

(2) シンクロトロン放射光X線測定によるゴム網目の構造解析

SAXS測定はTPEのほかアイオネンエラストマー[48,49,50)]や両親媒性エラストマー[49)]，そして，有機／無機ハイブリッドゴム[51,52)]などの網目構造解析に利用されてきた．SAXSプロファイルの解析は，構造モデルを仮定して行われる．例えば，Flory-Stockmayerの樹木モデル[53)]に基づくカスケード理論[54)]を用いて提出されたf官能ランダム重縮合の樹木モデルで展開された散乱関数[55)]は，いくつかの物理的相互作用でゴムとなる系の構造解析に有用であった．ただし，アイオネンエラストマーではイオンセグメントが，両親媒性エラストマーではポリ（オキシエチレン）や糖セグメントが，そして，有機／無機ハイブリッドゴムではシリカがそれぞれ凝集してドメインを形成しているので，高分子のゲル化における結合点の散乱因子を点ではなく，凝集部の形に対応した散乱関数に置き換えることが必要である．図4.9に示す脂肪族系ポリ（オキシテトラメチレン）アイオネン（IP-Cl，IP-Br）の場合，SAXSプロファイルとモデル構造のSXASプロファイルの間で良い一致が得られ，図に示す構造パラメータを求めることができた[50)]．IP-Clフィルムには広角X線回折や示差走査熱量分析の結果から，25℃でポリ（オキシテトラメチレン）（PTMO）の結晶相が存在していることも明らかとなった．塩素アニオンが対アニオンのアイオネンエラストマーの方が大きなドメインが形成され，ドメインの重心点間距離は大きくなった．このようなモルフォロジーの差か

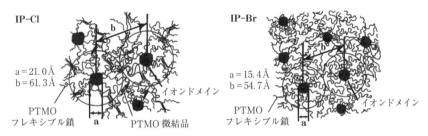

図4.9 脂肪族系ポリ（オキシテトラメチレン）アイオネン（IP-Cl, IP-Br）の化学構造とSAXSで測定したフィルム試料のモルフォロジー[50]

ら，IP-Brの方が引張応力は高く，熱安定性が良いことなどが網目構造と相関づけて説明できた．

このカスケード理論に基づくゲル化の樹木モデルをゴムのSAXS解析に用いる方法は，特に，直接観察によるモルフォロジー評価が容易でないエラストマーの特性化に有用である．また，シンクロトロン放射光X線を用いて，エトキシシリル基両末端オリゴマーのゾル-ゲル反応による末端架橋を追跡して網目形成解析を行うことも可能である[51,52]．

また，シンクロトロン放射光時分割広角X線回折（WAXD）／引張試験同時測定から，パーオキサイド架橋天然ゴム（P-NR）と加硫天然ゴム（S-NR）の伸長結晶化（SIC）における網目不均一性の比較が行われた[56]．パーオキサイド架橋剤を変量して網目鎖密度(ν)を変化させたP-NRでは，伸長結晶化開始歪(α_c)が図4.10(a)に示すようにνの増加に伴って小さくなり，νによらずα_cでの変形によるエントロピー変化量（ΔS_{def}）がほぼ同じ値であった．これは，未伸長状態でのゴム鎖のエントロピーが全試料で等しいとすると，P-NRではνによらず，伸長により一定のエントロピーになると伸長結晶化が始まることを意味している[57]．これはフローリーが予測した現象で[53]，それを支持する初めての実験結果であろう．一方，S-NRでは図4.10(b)に示すようにνによらずほぼ同じ伸長比で結晶化が開始し，νが大きくなるほどα_cでのΔS_{def}は小さくなった[56]．結晶

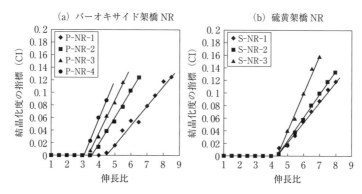

図 4.10 パーオキサイド架橋天然ゴム（P-NR）と硫黄架橋天然ゴム（S-NR）の伸長結晶化挙動[56]. 試料コードの数字が大きいほど網目鎖密度が大きい.

化速度はいずれの架橋形態の場合も ν が大きくなるほど早くなったが，P-NR とまったく異なる α_c を示し，これらの結果は P-NR が S-NR より均一な網目構造を有していることを示唆した．SIC の進行に伴う 200 面と 120 面の結晶サイズの応力依存性を調べたところ，S-NR の方が結晶サイズの変化が小さく，S-NR では伸長結晶化によって生成する結晶にかかる応力が小さいことがわかった．これは S-NR では架橋点が密な領域と疎の領域が存在し，密な領域（網目ドメインと呼ぶ）が主に応力を担っていることを意味した．

SIC 挙動と引張物性の相関から，P-NR では ν が大きくなるほど配向するアモルファス成分も伸長で生成する結晶成分も大きくなって，応力上昇に寄与したものであろう．一方，S-NR ではその伸長結晶化開始前の変形下において網目ドメインが応力を担うはたらきをしていることがわかった．これらの結果はゴム科学における長年の謎に 1 つの回答を与えた．つまり，架橋ゴムで応力を担うのは伸長結晶化で生成する結晶相か，配向したアモルファス相か，無関係かという疑問に対して，それはゴム種や網目構造によって変化し，結晶相，配向したアモルファス相，網目ドメインのいずれも応力を担いうることを明らかにした．しかし，この研究からは「加硫天然ゴムで，なぜ伸長結晶化ひずみが ν に依存せず，"同じひずみ" から伸長結晶化を開始するのか？」という問いについての答えは得られなかった．次節に示す SANS 測定による加硫イソプレンゴムの不均一網目構造の研究[58] が，その解答を与えたのである．

(3) 中性子散乱測定によるゴム網目構造の解析

膨潤可視化法による SANS 測定は，均一網目構造と不均一網目構造を定量的に解析でき，ポリマーゲルの研究で威力を発揮している[43〜45]．この方法を網目鎖密度の異なる硫黄架橋イソプレンゴムに適用し，二相不均一網目構造に関する構造パラメータを評価した結果，当初予期しなかった加硫反応に関する重要な知見が得られた[58]．試料ははじめ天然ゴム（NR）を用いたが，NR 中の非ゴム成分が SANS プロファイルの小角側の up turn 散乱に寄与していることが明らかになり[59]，イソプレンゴム（IR）を試料とした．IR にステアリン酸と酸化亜鉛，硫黄，N-シクロヘキシルベンゾチアゾールスルフェンアミド（CBS）を所定量混練し，140℃で 30 分間熱プレスして S-IR 試料を作製した．重水素化トルエン平衡膨潤試料の SANS プロファイルには小角側で散乱ピークの立ち上がりが認められ，S-IR の網目が不均一構造を有しており，前節の伸長結晶化による結果を支持した．

そこで，架橋点が密な部分と疎な部分からなる二相の網目構造を仮定し，プロファイルの小角側を Squared-Lorentz 関数で，広角側を Lorentz 関数で解析した．不均一性のコード長（Ξ）は架橋点が密に存在する網目ドメインを反映し，相関長（ξ）はメッシュサイズを反映すると仮定した結果，加硫の配合と網目不均一性の相関が認められた．ステアリン酸と酸化亜鉛の配合量を一定にして硫黄と加硫促進剤の量を増すと，Ξ は大きくなるが架橋点が疎な部分の ξ は変化せずほぼ一定であった．また，ステアリン酸と硫黄と加硫促進剤の量が一定で，酸化亜鉛を 0.5〜2 重量部と増加すると Ξ も ξ も直線的に小さくなった．この系でステアリン酸を配合せずに酸化亜鉛の配合量が及ぼす網目不均一構造を検討した結果，Ξ も ξ もほとんど変化しないことがわかり，ステアリン酸が酸化亜鉛の分散剤としてはたらくこともわかった．つまり，メッシュサイズの制御には酸化亜鉛とステアリン酸の濃度が，一方，網目ドメインの制御には硫黄と加硫促進剤に対する酸化亜鉛の濃度が IR の加硫において重要な役割を果たしていることが示唆された．これは，加硫試薬が架橋反応のみならず，網目不均一構造制御の役割も担うことを示す成果となった．図 4.11 にその概念図を示す．さらに，S-IR 試料を SPring-8 シンクロトロン放射光 WAXD／引張試験同時測定に供し，S-IR の網目不均一構造においてメッシュサイズが結晶化開始ひずみと相関していること

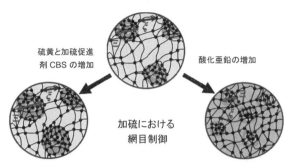

図4.11 加硫試薬による網目不均一性形成の概念図[58]

がわかった．この研究結果から，前節の加硫NRの伸長結晶化においてもS-IRと同様に，オーバーオールの網目鎖密度（ν）が異なる試料であってもゴムマトリックスのメッシュサイズが同じ場合，νに依存せずに"ほぼ同じひずみ"から伸長結晶化が開始したと推定した．シンクロトロン放射光X線分析と中性子実験を相補的に組み合わせたゴムの解析法は，これまで解明されてこなかったゴムの謎を解くうえで予想以上の成果をもたらした．加硫ゴムの構造と物性の相関を議論する場合，オーバーオールの網目鎖密度（平均値）だけでは不十分で，網目不均一性も考慮する必要性があることを明確に示したのである．

21世紀に入り，コンピュータをはじめとする測定技術の進歩に伴いシンクロトロン放射光X線や中性子線を用いたゴムの研究が増えている．例えば，ナノフィラー系での分散に関しても，近年中性子準弾性散乱法よにる研究が報告されている[60]．長い歴史をもつゴム科学と技術のなかで今なお解明されていないゴムの秘密が，これらの最新の分析手法により明らかになりつつある．

4.2.2 X線分光法による加硫構造の特性化

ここでは，加硫ゴムのnmレベルあるいはそれより小さな化学構造を議論する．X線吸収スペクトルは内殻電子が空いた軌道やバンドへ遷移する確率の変化に対応し[61,62]，吸収端付近に大きな変化をもつX線吸収端構造（X-ray absorption near-edge structure：XANES）と高エネルギー領域に穏やかな波打ち構造をもつ広域X線吸収微細構造（extended X-ray absorption fine structure：EXAFS）がある．この2つの総称がX線吸収微細構造（X-ray absorption fine structure：XAFS）で，XAFS データは①吸収原子と周辺にある散乱原子との結合距離，②周辺原子の数，③種類，④周辺原子分布の様子，熱振動の程度，⑤周辺原子の角度情報，⑥電子状態，⑦対称性を含んでいる．①〜⑤は EXAFS に，⑥，⑦は XANES に含まれる[61]．

シンクロトロン放射光を用いると時分割 XAFS 測定が可能となり，加硫反応の温度下で加硫反応を *in situ* に追跡することができる．4.2.1 項で述べた加硫で形成された二相網目不均一構造を明らかにするために，約 140℃ における *in situ* 亜鉛 K 殻 XAFS 測定を SPring-8 にて行った[63]．得られたデータはソフトウェア Athena により解析した．酸化亜鉛とステアリン酸存在下での CBS 系加硫（IR-ZnO-StH-CBS-S_8）が，メッシュ形成と網目ドメイン形成の2つの成分からなると推定し，前者のモデルとなる IR-ZnSt$_2$-CBS-S_8 と後者のモデルとなる IR-ZnO-CBS-S_8 の約 111 秒毎の時分割 XANES スペクトルを用いて，IR-ZnO-StH-CBS-S_8 の XANES スペクトルを線形結合フィッティング法により解析した．その結果，図 4.12 に示すように 50 分間の加硫反応中，すべての測定点で良好なフィッティング結果が得られ，IR-ZnO-StH-CBS-S_8 の反応が酸化亜鉛およびステアリン酸亜鉛により促進される2種類の反応で進行することがわかった．長い加硫研究の歴史のなかで，加硫反応中，異なる2つの反応が進行して系全体の網

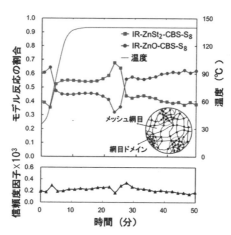

図 4.12 加硫反応中，*in situ* 亜鉛 K 殻 XAFS 測定で求めたメッシュ網目と網目ドメイン形成の割合の変化[63]

目構造が形成されたという結果は極めてインパクトの大きい知見となった．さらにそれぞれの相がどのような硫黄架橋形態か，モノスルフィド結合（-S-），ジスルフィド結合（-S-S-），ポリスルフィド結合（-S$_x$-）かを明らかにするため，硫黄K殻XANES測定による研究を行いスルフィド結合様式の変化を追跡することができた[64]．

「加硫」はゴム製品に必須であるが，その反応メカニズムや生成された架橋構造についてはいまだ十分に解明されていない．これまで，多くの技術者や研究者は直感的にゴム網目の不均一性がゴム製品の物性を左右していると認めてはいたが，その不均一性を定量的に明らかにする術は持ち合わせていなかった．ここで述べた新しい分析手法は，今後のゴム科学と技術における構造と物性関係の究明に不可欠なものとなるだろう．

4.3 ゴム加硫技術の新展開

4.3.1 加硫反応研究における新中間体

4.2節に述べたように，近年になってシンクロトロン放射光による時分割X線その場測定や小角中性子散乱（SANS）測定をゴムの加硫研究に導入することにより，これまでゴム科学者・技術者が予想しなかった加硫（硫黄架橋）反応の特徴が少しずつ明らかになってきた．一例として，加硫反応における新中間体発見に関する研究を紹介する．ゴムマトリックス中，適当な条件下で酸化亜鉛（ZnO）はステアリン酸と反応し，亜鉛原子1個に対してステアレート基2個が結合したステアリン酸亜鉛Zn(OOCC$_{17}$H$_{35}$)$_2$が生成する．これはゴム化学の常識であった．しかし，系の温度をゴムの加硫温度付近まで上昇させて，*in situ* 時分割亜鉛K殻XAFSを行った結果は，亜鉛とステアレート比が1:2ではなく2:2の物質に変わることが示唆された[65,66]．図4.13で長い点線がその濃度を示す．ステアリン酸の濃度に対して酸化亜鉛の濃度を半減して反応させても，同様の結果が得られている．

亜鉛K殻XANESは，亜鉛の配位数が4であることを示し，加硫温度での全反射（ATR）法時分割フーリエ変換赤外吸収スペクトル（FT-IR）分析*in situ*測定結果は，ブリッジ型二配座亜鉛／ステアレート錯体が生成していることを示

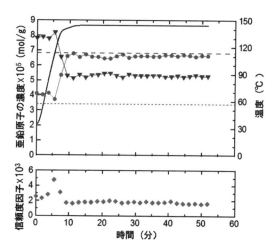

図 4.13　ZnO とステアリン酸との反応により生成する新規中間体の濃度変化（丸）[65]. 逆三角は酸化亜鉛の濃度変化. 短い点線は Zn：ステアレート比が 1：2, 長い点線は Zn：ステアレート比が 1：1 を示す. 黒線は温度, 信頼度因子はフィッティングの精度を表す.

した. FT-IR では，新中間体の生成に伴って遊離のステアレートも検出されている．反応性中間体の構造が複核か三核か多核か，あるいはそれらの混合物かについては検証が困難で，実験的な裏付けはいまだ得られていない．しかし，亜鉛／カルボキシレートからなる金属-有機物フレームワークは加水分解しやすい傾向にあること[67]や，生体内で亜鉛複核ブリッジ型二配座構造が酵素反応の 1 つの重要な役割を担っていること[68]から，「複核」の可能性が高いと考えられている．さらに，溶液中での均一系反応とは異なり固形ゴムに固体の試薬を機械的に混合するゴムの加工プロセスでは，加硫試薬の不均一な分散が常に問題であるにもかかわらず，ZnO とステアリン酸濃度が同じであれば生成するメッシュサイズが同じという 4.2.1 節で述べた小角中性子散乱測定の結果や，極めて早い 3 次元化の挙動から，この複核ブリッジ型二配座構造が最も妥当であると考えられている．

この中間体構造の骨格は，Gaussian[69] を用いて，密度汎関数法により構造計算に基づく赤外吸収スペクトルの振動数計算の結果（理論値）と実測値との比較を行って確認されている．図 4.14 に実験系の FT-IR スペクトルと理論計算から求めたスペクトルを示す．両者はよい一致を示し，Zn^{2+} が OH^- か H_2O かゴム鎖

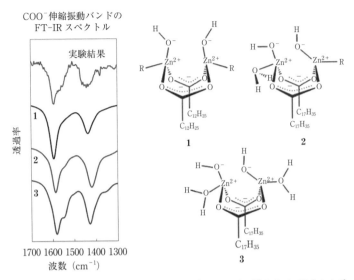

図 4.14 イソプレンゴムに ZnO を 0.5 phr とステアリン酸を 2 phr 配合した系の 144℃ における FT-IR 結果と計算結果の比較[65]. 置換基によるカルボキシ基の吸収シフト変化に着目した. 構造で R はゴム鎖を示す.

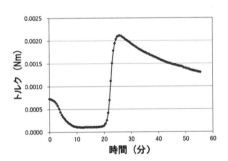

図 4.15 イソプレンゴムに ZnO を 0.5 phr, ステアリン酸を 2 phr, CBS を 1 phr, 硫黄を 1.5 phr 配合した系の加硫曲線[65]. 35℃ から 144℃ まで約 10 分間で昇温させた後, 144℃ 一定での測定結果.

に結合した複核ブリッジ型二配座亜鉛／ステアレート錯体であることが示されている. 図 4.15 に示す加硫系のトルク上昇からわかるように, ゴム配合物が金型内に行きわたった頃合いに加硫反応が進み, 工業的なゴムの加硫に好都合である. ZnO とステアリン酸の存在下 CBS を添加した加硫系で, 適当な待ち時間（スコーチタイム）の後に, 極めて迅速に進行するゴムの 3 次元網目形成は, 一見無関係

な酵素活性が触媒する生体反応と類似している．これは，今までゴム研究者・技術者の誰も想像しなかったことであろう．数十年に及ぶゴム技術者の加硫反応確立の努力は，期せずして生体の数万年にわたる進化と同じ結果に至ったことになる．

Zn^{2+} が OH^- と H_2O かゴム鎖に結合した複核ブリッジ型二配座亜鉛／ステアレート錯体がどのような反応経路を経由して硫黄架橋反応（加硫）を進行させるのか？ ゴム加硫機構全体の解明はこれからの課題であるが，各種時分割測定と理論化学の併用により解明への希望が出てきた．その成果は，安心・安全な低炭素社会を構築するうえで，ゴム材料・製品の開発に有用な知見となるに違いない．量子論に基づいた電子状態とエネルギー計算の対象は長い間比較的小さな分子に限られていたが，最近ではコンピュータのハードウェアとソフトウェアの目覚ましい進歩を背景に，ハイブリッド汎関数によって計算精度が大きく向上した密度汎関数（DFT）法が普及し，卓上でのこのような計算化学の遂行を可能としている[66]．また，エネルギー勾配法が開発されて構造最適化計算がルーチンワークで行えるようになったことや，内殻電子をポテンシャルで置き換えるモデルコアポテンシャル法が整備されたことにより，遷移金属のような多くの電子をもつ原子の取り扱いが容易になり，これが計算化学の広がりの要因となっている[69]．さらに，電子密度や軌道位相の等値面を表示させることや，分子振動の計算では基準モードにおける各原子の変位や振動スペクトルのシミュレーションを計算し画像として表示することもできるようになり[70]，ゴムの化学において実験データと理論化学に基づく計算値との比較研究が，今後ますます重要となるだろう．

4.3.2 21世紀におけるゴム加硫技術の新しいパラダイムは？

(1) 素反応機構解明への新しい2：2錯体の速度論的意義

現時点（2016年）までのゴム加硫技術の簡単な歴史は，2.3.1項にグッドイヤー以来の発展を述べ，そして2.3.2項と2.3.3項では1970年代に成立したと考えられる成熟した加硫技術（これを以下，加硫技術の「第1次パラダイム」と呼ぶことにする）の大要を述べた（パラダイム[71]については2.3.1項参照）．そして，4.3.1項では2015年に報告された加硫反応における素反応の新しい反応性中間体[65,66]を説明した．ここでは，素反応機構の立場から新反応性中間体の発見の意

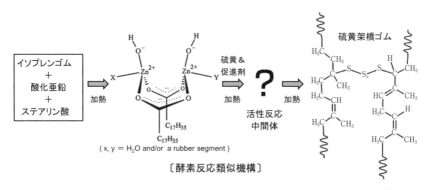

図 4.16 ゴムマトリックス中の ZnO／ステアリン酸添加 CBS 系加硫の予想反応経路[66]

味を解明し，続いて（2）ではそれが 21 世紀において加硫技術の第 2 次パラダイムへと発展する可能性を，素反応機構の観点から考察してみたい．

4.3.1 項に説明した加硫反応の新中間体は，ゴムマトリックス中で，酸化亜鉛とステアリン酸を加熱して生成が確認された（図 4.16 の第 1 段階）．この中間体は，今まで考えられてきた亜鉛カチオン（Zn^{2+}）とステアレートアニオンが 1：2 の錯体とは異なり比が 1 であり，ゴム分子のセグメントがすでに配位している可能性がある．比が 1：2 の錯体は安定で，極性の低いゴムへの可溶化に必要な錯体形成とされてきた．この考えによれば，1：2 錯体を添加した系ではよりスムーズに加硫反応が進行するはずであるが，そのような手順は実用化されていない．したがって，1：2 錯体の形成は加硫の律速段階（rate determining step）ではなく，2 成分を添加しゴムマトリックス中で（*in situ* に）生成させた系と 1：2 錯体を直接添加した系との本質的な差は認められなかった，と解釈される．

ここで律速段階について説明する．加硫反応は多数の試薬が関与する複合反応で，いくつかの素反応からなっている（素反応については 2.2.1 項（1）を参照されたい）．そして反応速度論の示すところ，全体の（overall の）速度は，ある 1 つの，最も速度の低い素反応によって支配される．この律速段階の概念によれば，新しい 2：2 錯体の提案は今まで常識的に想定されてきた 1：2 錯体の形成を否定しているのではなく，単にその 1：2 錯体形成過程が律速ではないことを示している．加硫反応の初期において新錯体の生成が律速段階であり，後に続く加硫の素反応のスタート地点であるということである．これが 2：2 錯体の重要性

を示す素反応論的，速度論的意味である．

(2) 加硫の素反応機構解明と新しい加硫技術パラダイムへの可能性

亜鉛イオンとステアレートが2:2の錯体は，後に続く加硫反応中に起こる「複数の」素反応のいわばスタートラインである．硫黄・有機加硫促進剤系の反応機構について，過去数十年の化学研究[66,72～76]はその新しい入口を模索してきたともいえる．加硫技術の成熟状態は加硫メカニズムの解明にとっては「停滞」であったからこそ，多くのゴム技術者は加硫反応機構に基づく加硫促進剤のデザインではなく，試行錯誤の繰り返しによる経験的な開発を余儀なくされてきた．入口の発見はまさしくブレイクスルー（breakthrough，元々は軍事用語で突破口の意）であり，それが戦いの勝利，今の場合にはゴム加硫技術の新しいパラダイムにつながっていく条件を考えよう．

図4.16を見ていただきたい．2:2錯体の配位子場はゴムマトリックス中にある．周囲には多数の極性の低いゴム分子のセグメントと，おそらく少量の水が存在している．錯体のイオン的雰囲気を考えると，水が配位子となる可能性もある．しかし，存在量はゴムセグメントが多数であるから，加硫温度（140℃以上，高温加硫では180℃を超える）における配位子交換の動的状態下，ゴムセグメントが配位している確率も高いと推定される．したがって，X, Yの両方あるいはいずれか1つはゴムセグメントと仮定しよう．このゴムを配位子とした2:2錯体が，「硫黄や促進剤とどう反応するか？」が次の課題である．以下の説明では，ゴムを配位子した2:2錯体を単に2:2錯体と，CBSに代表されるスルフェンアミド系加硫促進剤を促進剤と記載する．

まず考えなければならないのは，次のような可能性である．

① 2:2錯体との出会いの前に，ゴムと硫黄，促進剤がすでに何らかの化学反応をしているのか，あるいは硫黄と促進剤が別々に2:2錯体と相互作用するのか．
② ①における後者の可能性は，硫黄，促進剤が配位する可能性を明らかにすればよいが，硫黄と促進剤との反応生成物の配位も考慮しなければならない．
③ 前者では，硫黄や促進剤と反応したゴムにおいて反応点に近いセグメントの配位（立体的な混みあいからは不利であろう）が加硫反応の進行に有利であり，巨大な配位子の立体的な配置を検討する必要がある．
④ さらに，図4.16は最も単純な場合を想定したものであって，？マークを付す

べき中間体は1つとは限らない．①～②の考察の際に，さらに新たな素反応の存在を無視してはならない．

⑤ 全素反応が明らかになったうえで，例えば速度論的研究によりoverallの速度式を導出し，律速となる素反応を明らかにする．

⑥ この段階になれば，例えば，加硫反応における酸化亜鉛の役割を全面的に考察して，それに代わる化合物候補を考えることも可能となり，加硫系のデザインがより弾力性に富むものとなるだろう．

おそらく検討すべき課題は尽きないものと予想されるが，加硫反応の全素反応機構が明らかになれば，そのコントロールの自由度が飛躍的に大きくなることは，化学反応研究の歴史が示唆するところである．科学の世界でのパラダイムの成立は数百年に及ぶこともある．技術の世界でのそれは普通数十年であり，すでに述べた硫黄・有機加硫促進剤系の場合は1910年頃から1970年に至る60年間と，比較的長期間であった．そして，1970年頃の第1次パラダイムの確立後，すでに半世紀近くが経過している．現代社会におけるゴムへの社会的な需要をみると，数十年後，遅くとも今世紀の半ばまでに，加硫技術のより柔軟なコントロールが要請されるであろう．①から④へのステップにおいて，過去の反応解析の多くの結果を再検討したうえで，十分に活用しなければならないし，さらなるブレイクスルーが必要とされるかもしれない．

以上の議論は技術史と技術論の立場から，図4.17のようにまとめることができる．グッドイヤーによる加硫の発明は，加硫技術のスタートとなった偉大なブレイクスルーであった．しかし，加硫技術が硫黄と鉛白を用いる彼の手法にとどまっていたとしたら，20世紀初頭の自動車の急速な普及は実現しなかったであろう．オーエンスレーガーによる有機加硫促進剤の発明はjust-in-timeに自動車用タイヤの大量生産を可能とした第2のブレイクスルーであった．多くの有機促進剤が次々に提案されたブレイクスルー期（I）を経て発展期（II）を迎えたゴム加硫技術は，1960年代から1970年にかけて成熟期（III）に到達して，加硫技術の第1次パラダイムが成立した．50年を経過して，加硫技術のさらなる展開が希求され始めた矢先，加硫反応の中間体の新発見があった．これが第3のブレイクスルーとなるのかどうかが，本節の主題であった．もし，この発見に刺激されてあらたな知見が現れれば，ブレイクスルー期を経て新しい加硫反応の発展期

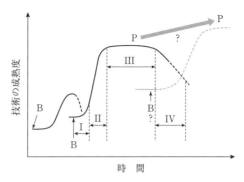

図 4.17 ゴム加硫技術発展の歴史的パターン
I：ブレークスルー期，II：発展期，III：成熟期，IV：衰退期
B：ブレークスルー，P：パラダイム，➡：パラダイムシフト

を迎える可能性がある．そして，現在のパラダイムが衰退（第IV期）して，新しい第2次パラダイムへのシフトも視野に入ってくるかもしれない．第2のブレイクスルー時のような新技術への社会的要求が，現時点でどの程度のものかなど，科学，技術面以外にもまだまだ検討すべき点が残されている．

しかし，「扉は開かれた」．複雑な加硫反応の機構解明にむかって，最終的には新しい加硫技術パラダイムの確立に至るために，現代的アプローチが必須であることも明らかだ．本書の読者の中から，この挑戦的課題に取り組む研究者・技術者が現れることを願っている．

4.4　21世紀における天然ゴムのバイオテクノロジー

4.4.1　パラゴムノキの遺伝子組換えによる分子育種

(1)　育種と分子育種

世界の主要な天然ゴムの研究機関である Rubber Research Institute of Malaysia（RRIM），Rubber Research Institute of India（RRII），Rubber Research Institute of Sri Lanka（RRISL），Centre de Coopération Internationale en Researche Agronomique pour le Développement（CIRAD，フランス）等による長年にわたる育種開発の結果，パラゴムノキ（*Hevea brasiliensis*）からの面積あたりNR収量は，1920年代のプランテーション栽培初期品種（野生株に近い）

の 650 kg/ha から,1990 年代には 2500 kg/ha まで増加している[77]. 育種において,同種間あるいは近縁種との交配・交雑で得られた後代は各親株の遺伝子を半分ずつ受け継ぐが,さらに交配を繰り返すことで各親株由来遺伝子のさまざまな組み合わせ(遺伝子型,genotype)を有する個体が得られるため,それらが示す形質(表現型,phenotype)のなかで望ましいものを残し,望ましくないものを排除するように交配と選抜を繰り返す.パラゴムノキは雌雄異花同株の植物であり,基本的には虫媒花で自家受粉の割合は 5% 程度と低いことから,交雑受精しやすい[78]. Hevea 属には H. brasiliensis のほかに 10 の種が知られており,相互に交雑可能であるとされているが,他の Hevea 属の種が実際にパラゴムノキの交雑育種に適用された事例は少なく(H. benthamiana との交雑品種は報告されている),主に H. brasiliensis 同種間での交配が行われてきた[79]. パラゴムノキが成木となりラテックスが安定に採取できるようになるまでは 6～7 年はかかるため,天然ゴム生産能に着目した育種選抜のサイクルは数十年を要する場合がある.

後代の特性評価を表現型の連鎖解析のみで行う従来型の育種選抜に対し,近年の遺伝子解析技術の進歩と,それに伴い爆発的に増大している遺伝子配列情報によって分子育種(molecular breeding)の技術が一般化し,新品種開発に大きく貢献している.分子育種は,外来遺伝子の導入を伴う遺伝子組換えの有無によって 2 種に大別できる.遺伝子組換えを伴わない分子育種として,マーカー選抜育種(marker-assisted selection:MAS)がある.従来型育種と同様に交配で後代を得る手法だが,特性評価を目に見える表現型だけでなく遺伝子型と関連させて効率的に分類する点に特徴がある.当然,全遺伝子配列の解析は容易ではないため(パラゴムノキゲノム上には 7 万以上の遺伝子がコードされる[79,80]),指標となる遺伝子配列(DNA マーカー)を設定し,それらの遺伝的連鎖を解析する.すなわち,染色体上で互いに近くに位置する遺伝子ほど一緒に遺伝する確率が高くなるため,望ましい(あるいは望ましくない)形質の遺伝分離と統計的に相関性を示す DNA マーカーを探索しておくことで,たとえ形質の原因遺伝子そのものが特定されていなくとも,また,複数の原因遺伝子により統合的に発現される場合でも,DNA マーカーの有無を調べることで後代の形質を迅速かつ正確に評価できる.あるマーカー遺伝子を基準に別の遺伝子の組換え頻度を調べることで,2 つの遺伝子のゲノム上の相対的な位置関係を決めることができるため,次々と

マーカー遺伝子のゲノム上の位置を決めていき連鎖地図の作製が可能となる．特にパラゴムノキでは同種間の交配育種を経ているため後代の表現型に明瞭な違いが生じない場合が多く，生育環境の変動に起因する表現形質変化を区別しにくいため，MASが非常に有効である．さらに，同一個体のゲノム配列は基本的に組織や生育ステージによらず同一であり，表現型が分析可能になるステージまで（例えばラテックスが採取可能になるまで）生育させる必要がなく，初期の生育ステージの植物より遺伝子を回収し評価することが可能である．一般に利用されるDNAマーカーの種類を表4.1にまとめる．パラゴムノキでは，1980年代にアイソザイムマーカーが育種に利用され始め，第1世代のRFLP，RAPD，第2世代のSSR，AFLP，第3世代のEST，SNPなどの開発が進められてきた．2000年には，RFLP，AFLP，マイクロサテライト，アイソザイムマーカーをもとにした飽和連鎖地図（全染色体の領域をカバーした連鎖地図）が報告[81]され，その

表4.1 パラゴムノキ育種に利用されるDNAマーカーの種類

DNAマーカーの名称	略称	原理
制限酵素断片長多型 (restriction fragment length polymorphism)	RFLP	ゲノムDNA上に多数存在する，ある特定の制限酵素認識配列における変異や，2つの認識配列ではさまれた領域における欠失や挿入がある場合は，その制限酵素でゲノムDNAを切断した際に生じるDNA断片群の長さのパターンに違い（多型）が現れるため，これをマーカーとする．
無作為増幅多型 (random amplified polymorphic DNA)	RAPD	ゲノムDNAを鋳型として，無作為な塩基配列となるように合成したプライマーを用いたPCRを行うと，さまざまな長さの遺伝子配列が増幅される．鋳型DNAの塩基配列に違いがある場合は，プライマーの結合に差異が出るため増幅されたDNAのパターンに違いが現れるので，これをマーカーとする．
単純配列反復 (simple sequence repeat)	SSR	2〜4塩基を単位とした単純配列が数回〜数百回反復した領域はゲノム上多数みられるが，この反復回数に違いがみられることがある．この違いをPCRによって検出し，マーカーとする．マイクロサテライトとも呼ばれる．発現遺伝子を対象とした解析の場合はEST-SSRとなる．
増幅断片長多型 (amplified fragment length polymorphism)	AFLP	RFLPとRAPDを組み合わせて多型を検出する方法．制限酵素によって切断したDNA断片をPCRで増幅し，そのパターンに違いが現れた場合にそれをマーカーとする．
発現遺伝子配列断片 (expressed sequence tag)	EST	ゲノムDNAではなく，ランダムに単離し配列を決定した発現遺伝子(mRNAを逆転写して得られるcDNA)の配列を比較し，差異がみられた発現遺伝子をマーカーとする．
一塩基多型 (single nucleotide polymorphism)	SNP	ある特定のDNA領域の配列を比較することにより1塩基の違いを見つけ，これをPCRなどを利用して検出し，マーカーとする．

後も多数のマーカーが同定され高密度化されている．それらをもとに，南米葉枯病（SALB）抵抗性などに関する重要な遺伝子座がマッピングされることが期待される．

MASによる育種では，対象生物が有する遺伝子の組み合わせの限界を超えることはできない．一方，遺伝子組換え技術を利用した分子育種では，他の生物種に由来する遺伝子もゲノムに導入することが可能となり，付与する特性の可能性を大きく拡張できる．MASでは，後代の表現形質を遺伝学的に解析した後に着目形質の原因遺伝子を同定するのに対し，遺伝子組換えによる分子育種の場合は，目標とする形質を得るためにすでに機能が解明された（あるいは推定された）遺伝子を対象生物に導入し，その効果が仮説通りに発揮されているか評価する．遺伝子組換え技術により実用化された作物として，除草剤耐性ダイズ，害虫抵抗性トウモロコシ，ウイルス抵抗性パパイヤ，藤色花弁のカーネーションやバラなどがある．遺伝子組換え植物の場合，他の種との交雑による組換え遺伝子の無秩序な拡散を防ぐ必要がある．特に，自家受粉の割合が低く交雑が起きやすいパラゴムノキの場合は，花粉の飛散を抑制する戦略も重要となってくる．遺伝子組換えによる分子育種の前提として，対象植物の形質転換（transformation）の方法が確立していることと，導入遺伝子の機能が解明されている（遺伝子組換えの効果をあらかじめ想定する）ことが必要である．

(2) 形質転換法

植物の形質転換法の多くは，植物が有する分化全能性（totipotency）を利用する．通常の生殖では，受精後に種子形成に伴った胚（種子胚）発生が起こり，それが種子発芽後に生長するさまざまな植物体組織の起源となる．一方，葉や根など特定の機能をもつようにすでに分化済みの細胞（体細胞，somatic cell）をオーキシンなどの植物ホルモンによって適切に処理することで，分化状態をリセット（脱分化，dedifferentiation）させてカルス（未分化細胞塊）や不定胚（体細胞胚）を形成させることができる．その後，植物ホルモン条件を変化させることで再び分化状態に誘導し（再分化，regeneration），細胞塊から芽や根を発生させて，完全な植物体に再生可能である．つまり，ごく限られた数の体細胞のゲノムに外来遺伝子を挿入し，その細胞を選別した後に脱分化・再分化を経由して形質転換植物を得ることができる．遺伝子を植物細胞（のゲノム）に導入する方法として

は，遺伝子銃（パーティクルガン）による物理的導入法や，アグロバクテリウム感染法がある．遺伝子銃を利用する方法では，直径 1 μm 前後の金属微小粒子の表面に導入する遺伝子を付着させ，それを植物組織やカルスの細胞に打ち込む．打ち込まれた微小粒子が細胞の核内に入った場合，導入遺伝子がある確率でゲノムに組み込まれるため，その細胞を選抜し形質転換植物を再生させる．ほかに物理的導入法として，電気穿孔法（エレクトロポレーション）などがある．アグロバクテリウム感染法は，病原菌感染機構を応用した手法である．植物病原性土壌細菌の一種であるアグロバクテリウム（Agrobacterium；かつては属名であったが，現在ではリゾビウム属（Rhizobium）など複数の属に含まれる種の集合であることがわかり学名としては廃止された．ただし植物のバイオテクノロジー分野では引き続きこの呼称が用いられることが多い）は，感染細胞のゲノムに自身の遺伝子を挿入する性質を有する．*Rhizobium radiobacter*（旧学名 *Agrobacterium tumefaciens*）や *Rhizobium rhizogenes* は Ti（tumor-inducing）プラスミドや Ri（root-inducing）プラスミドと呼ばれる巨大環状 DNA をそれぞれ有しており，そこに含まれる T-DNA（transferred DNA）と呼ばれる遺伝子領域が植物ゲノムに挿入され植物細胞内で発現することで，クラウンゴール，テラトーマ，毛状根などの腫瘍組織が形成される．この性質を遺伝子工学に応用するため，アグロバクテリウムから取り出した Ti プラスミド上の腫瘍形成誘導遺伝子を除去し，導入したい目的遺伝子を T-DNA 領域内に連結することで形質転換用プラスミド（バイナリーベクター）を作製する．それをアグロバクテリウムに戻した後に対象植物に感染させることで，植物のゲノム上のある程度ランダムな位置に目的遺伝子を含む T-DNA を 1 か所〜数か所挿入させることができる（図 4.18）．

パラゴムノキの形質転換の基礎として，育種やクローン苗の増殖のために 1960 年代から開発されてきた細胞培養技術（葯培養，未熟胚培養，細胞融合など）と，培養細胞の再分化技術[78,82]が活かされている．初期に報告された形質転換法では，葯（雄ずいの先端の花粉を内包する組織）由来カルスに対して遺伝子銃による遺伝子導入が行われた[83]が，その後，アグロバクテリウム感染による遺伝子導入法も確立された[84,85]．一般に，未熟な組織や細胞分裂の活発な組織は脱分化しやすいため，葯由来カルス以外にも，未熟種子の内珠皮（胚珠外周の構造で，成熟すると種皮になる）由来カルス[84]に対する遺伝子導入法も確立されてい

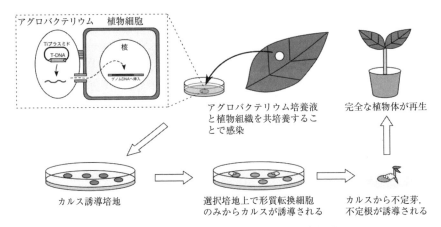

図 4.18 アグロバクテリウム感染による植物の形質転換
る[86,87]．

(3) 導入遺伝子のデザイン

形質転換植物を作製する場合，バイナリーベクターの遺伝子構成をデザインする必要があり，そのために①形質転換体選抜マーカー，②プロモーター (promoter)，③発現させる機能遺伝子を決定する必要がある．①については一般に，植物の生育を抑制する抗生物質や農薬に対する分解酵素遺伝子を導入し，対応する薬剤が含まれる培地上で生育可能なカルスを形質転換体として効率よく取得する．また，植物種や標的組織によって薬剤に対する感受性が異なる場合もあるため，可視化マーカー遺伝子を併用することもある．β-グルクロニダーゼ (GUS) は X-Gluc (5-bromo-4-chloro-3-indolyl-β-D-glucuronic acid) を分解し青色色素のインディゴを生成させる酸素で，GUS 遺伝子（GUS）が導入された形質転換細胞を X-Gluc 添加により可視化できる．また，緑色蛍光タンパク質 (green fluorescent protein：GFP) をマーカーとすることで，蛍光の検出のみで簡便に形質転換細胞を特定できるため，植物体に致命的なダメージを与えない手法として利用されている．

上記②のプロモーターのデザインは，導入する機能遺伝子をいつ，どこで，どの程度発現させるかを決定するうえで重要である．プロモーターは遺伝子発現 (RNA の合成) の際に RNA ポリメラーゼが結合する遺伝子領域であるが，広義には，RNA ポリメラーゼの結合を補助し遺伝子発現を制御する転写調節タンパ

ク質（transcription factor）の結合領域も含める．一般的に，植物のほぼすべての組織で導入遺伝子を高発現させるためには，カリフラワーモザイクウイルス由来 35S プロモーター（CaMV 35S）やユビキチンプロモーターが用いられることが多い．一方，特定の組織における遺伝子発現や，外部からの刺激による誘導的遺伝子発現の場合には，それぞれの目的に応じたプロモーターのデザインが必要である．遺伝子組換えでパラゴムノキの天然ゴム生合成能を増強させる場合，目的の遺伝子を乳管細胞で高発現させる必要があるが，その遺伝子を乳管以外の組織でも不必要に発現させることは植物体の生育に悪影響を与える可能性をはらむため，乳管特異的遺伝子発現プロモーターでの制御が重要となる．それを得るためのアプローチとして，まず乳管細胞で高発現している遺伝子が多数同定され，その遺伝子の発現を制御するプロモーター領域（転写開始点の上流領域である場合が多い）が単離されてきた．これまでに，乳管特異的に発現するグルタミン酸合成酵素や hevein（Hev b 6.01〜6.03）[88]，rubber elongation factor（REF）[89,90]（2.1 節参照）などのプロモーター領域が単離されており，実際に hevein のプロモーター領域と GUS を連結した遺伝子配列を導入した形質転換パラゴムノキにおいて，乳管組織で GUS の発現が確認されている．今後，プロモーター領域内のどのような塩基配列が乳管細胞特異的な発現制御に寄与しているかを特定することで，より厳密な遺伝子発現制御プロモーターのデザインが可能になる．

　遺伝子組換えによるパラゴムノキの分子育種において，最も重要なのは③の発現遺伝子のデザインである．特に，天然ゴム高生産，SALB をはじめとする病虫害耐性，植物体サイズの制御，生育条件（温度，湿度など）の許容性拡張，アレルゲンタンパク質の発現抑制などが要求されており，それぞれに対し必要な遺伝子工学的戦略を立てることになる．天然ゴム高生産に向けた戦略としては，生合成酵素の高発現，ラテックスの流出持続性向上，乳管組織の分化誘導による高密度化などが想定される．生合成酵素の高発現に関しては，2.1.2 項で概説された天然ゴム生合成経路における酵素群の高発現が想定されるが，その報告はまだなされていない．今後の生合成経路の全容解明に伴い，生合成酵素をターゲットにした，より効果的な遺伝子工学的戦略を立てることが可能となる．

　ラテックス流出の持続性に関連し，ラテックス生産現場で問題となっている現象の 1 つに，tapping panel dryness（TPD）がある．健全なパラゴムノキで

は，乳管の膨圧によりタッピング後ラテックスが3〜4時間流出するが，TPDを引き起こした木では流出が部分的に，あるいは完全に止まってしまう．これは，タッピングを繰り返すことによって生じる過剰な活性酸素種（reactive oxygen species：ROS）によって，ラテックス中のゴム粒子の凝集と細胞死が誘導されるためであると考えられている．そこで，生物が本来有するROSの不活性化機構を増強してTPDを回避する戦略が想定されている．スーパーオキシドジスムターゼ（superoxide dismutase：SOD）は，ROSの一種であるスーパーオキシドアニオンラジカル（$\cdot O_2^-$）を酸素と過酸化水素に変換する酵素であるが，TPD回避を目的としてSODを過剰発現させた形質転換パラゴムノキの作製が報告されている[91〜93]．この形質転換植物のラテックス収量等に関する評価は未報告であるが，幼植物において乾燥耐性の向上が示唆され，SODの多面的な効果が期待されている[91]．乳管細胞の分化誘導機構に関しては未解明な点が多いが，植物の傷害応答などに関与する植物ホルモンであるジャスモン酸が乳管の分化誘導効果を示すことが報告されている[94]ため，ジャスモン酸で発現が誘導される遺伝子のいずれかが寄与していることが予想され，その遺伝子をターゲットとした分子育種が考えられる．

4.4.2 パラゴムノキ以外の天然ゴム産生植物の分子育種

パラゴムノキは木本であるため，形質転換体の作製と評価に時間がかかるが，草本の天然ゴム産生植物であるロシアタンポポやレタスは生育期間が短く機能評価サイクルが速いので，基礎研究に重要な植物である．ロシアタンポポの形質転換については，アグロバクテリウム感染を介した方法が確立されている．ロシアタンポポのラテックスは空気にさらされると酸化により褐変し凝集する．これは，傷害を受けた部位を凝集したラテックスで保護するという生理的意義があると考えられているが，天然ゴム生産には望ましい特性ではない．この現象の一因はポリフェノール類を酸化するポリフェノールオキシダーゼ（PPO）であり，パラゴムノキと比較して，ロシアタンポポやワユーレ（グアユール）などキク科の天然ゴム産生植物ではラテックスにおけるPPOの発現レベルが高いことが知られている．そこで，ラテックス内で発現している色素体局在型PPO遺伝子の発現をRNA干渉（RNA interference：RNAi）により抑制した形質転換植物を作製した結果，

野生型よりもラテックスが凝集しにくくなり，流動性・流出量が増大した[95]．

ラテックス中のゴム粒子には多数のタンパク質が結合しており，その主要なタンパク質の1つが small rubber particle protein（SRPP）である．SRPP はゴム産生植物に共通して存在するタンパク質であるが，パラゴムノキのゴム粒子上には，SRPP の一部とアミノ酸配列が類似である REF も SRPP と同程度に結合している．これらのタンパク質の詳細な役割は未解明であるが，生物物理学的研究によってゴム粒子の安定性（凝集性）に寄与していることが示唆されている[96]．SRPP を過剰発現させたロシアタンポポではゴム含有量がやや増加したのに対し[97]，RNAi による発現抑制型形質転換植物ではゴム含有量が低下するとともにその分子サイズが小さくなった[97,98]．これらの結果は，SRPP がゴム粒子の形成や安定性に重要であり，それがラテックス中のゴム含量にも影響していることを示している．パラゴムノキにおいては，天然ゴム生成量と REF の発現量に正の相関があることが示されており[99]，これらゴム粒子結合タンパク質の制御が天然ゴム高生産型植物の分子育種に重要である．

ワユーレもアグロバクテリウム感染を介した形質転換法が確立されている．すでに，天然ゴムのモノマー単位である IPP の生合成増強を目的として，MVA 経路（2.1.2 項参照）の律速酵素である 3-ヒドロキシ-3-メチルグルタリル CoA レダクターゼを過剰発現させた形質転換ワユーレが作製されている．実験室内の制御された生育環境下では天然ゴム含有量の増強がみられたが，フィールドでの試験では有意な効果が再現されず，環境因子の効果の方がこの酵素の過剰発現の効果より大きいことが予想された[100]．また，IPP 重合反応のプライマー基質である FPP と GGPP の生合成酵素を過剰発現させた形質転換ワユーレも作製されたが，天然ゴム含有量に顕著な変化がみられなかった[101]．これらの結果は，基質供給の増強だけでは天然ゴム高生産には不十分であり，IPP 重合を触媒する cPT を含めた生合成系の包括的な増強が必要であることを示唆している．

4.4.3　遺伝子工学の展開

(1)　ドラフトゲノム解読

遺伝子工学において，遺伝子配列情報の入手可否が研究の進展を大きく左右する．2000 年代初頭までは，限られた遺伝子解析プラットフォームを植物研究に

最大限に活かすため，主にシロイヌナズナ（*Arabidopsis thaliana*）などのモデル植物の配列解読が優先的に進められ，そこから得られる基礎研究の成果が作物などの非モデル植物に適用された．その際に用いられた遺伝子配列解析（シークエンシング）法は 1970 年代後半に開発されたサンガー法を基にしており，オートシークエンサーによる自動化・ハイスループット化を経て，現在でも主要な解析手法となっている．一方，2000 年代後半以降にサンガー法とは異なる原理に基づく新たなシークエンシング手法が次々に開発された．それらは，第 1 世代のサンガー法に対し次世代シークエンシング法と総称され，多様な次世代シークエンサーが開発されている（2015 年現在，第 3 世代シークエンサーの市販段階）．これらは，単位時間あたりに解読できる配列の規模を飛躍的に向上させた点に特徴があり，サンガー法をベースにしたシークエンサーと比較して 1000 倍以上の解析速度で，解析コストも大幅に低減された．そのため，モデル植物だけではなく，さまざまな生物のゲノム配列解析が容易になり，また，次世代シークエンサーを利用した発現遺伝子（転写産物）の網羅的解析（トランスクリプトーム，transcriptome）も次々と進められるようになった．この手法により解析されたパラゴムノキのドラフトゲノム配列が 2013 年に発表[79]され，トランスクリプトーム解析も次々に発表された[80,102~104]．これらの情報を統合することで，ある状況下の特定組織の細胞内でどのような遺伝子が発現しているかを包括的に理解でき，天然ゴム生合成の制御機能解明への大きな足がかりとなる．また，MAS における強力なツールともなり，それら基礎研究の成果を活かし天然ゴム生産植物の分子育種への展開が期待される．

(2) 培養細胞および代替生物での天然ゴム生産

植物の乳管細胞や柔組織で蓄積する天然ゴムを培養細胞や微生物などの代替生物内で生産・蓄積させることで，生育環境や気候変動に左右されない天然ゴム生産系が構築できると期待されている．すでにパラゴムノキの懸濁培養細胞系が確立され機能評価された[105,106]が，天然ゴム生産能を保持した培養細胞は得られていない．その原因として，ラテックス内で高発現している天然ゴム生合成関連遺伝子群が培養細胞内でほとんど発現していないことが示されている[106]．一連の遺伝子群は乳管細胞において包括的な転写制御を受けていることが示唆され，その制御に関与する転写調節タンパク質を発見して高発現させた形質転換培養細胞

を作製すれば，天然ゴム産生培養細胞を作出可能になるかもしれない．しかし，その場合においても，培養細胞内にゴム粒子を安定に高蓄積させる機構を付与する必要があり，単純ではないと想定される．また，微生物などの代替生物における天然ゴム生産に関しても，現段階で報告例はない．これらの課題解決のためには，天然ゴムの生合成機構の完全解明が必要である．

(3) 有用物質生産・貯蔵器官としての乳管の利用

乳管細胞は，天然ゴムに限らず，さまざまな植物二次代謝産物の蓄積器官として機能している．主に草食動物や病原性微生物に対する防御物質を高蓄積させており，場合によっては植物自体にも生理的に悪影響を与えかねない物質でも隔離蓄積することができる．そこで，パラゴムノキをはじめとする天然ゴム生産植物の乳管を，宿主植物に悪影響を与えない有用化合物生産・蓄積の場として利用することが考えられる．特に，乳管細胞内では天然ゴムを生産するため大量のイソプレン単位（IPP）が供給されているから，代謝工学により，豊富なIPPを別の有用イソプレノイド生合成系に流用することで，極めて高効率・持続的・簡便な有用イソプレノイド生産・回収システムが構築できる．また，ラテックスは有用タンパク質の生産・回収システムとしても応用可能である．抗体タンパク質は，ポリペプチドが生成された後に糖鎖による修飾を受ける必要があるため，大腸菌などの原核生物を異種発現宿主とした場合に，必要な糖鎖修飾が行われないことが問題となる．また，動物細胞を宿主とした生産系においても，タンパク質製剤の場合，プリオンなどのタンパク質を原因とする疾患の伝搬の危険性が問題となる可能性があるため，植物を宿主とする有用タンパク質の生産系が期待されている．これまでに，パラゴムノキのラテックスで，ヒトのペプチドホルモン前駆タンパク質である心房性ナトリウム利尿因子[109]，ヒト血清アルブミン[108]，抗体タンパク質[109]などの機能性タンパク質を発現させた報告があり，今後，その適用範囲はさらに拡大すると考えられる．

文　　献

1) G. Kraus ed. (1965). *Reinforcement of Elastomers*, Interscience Publishers, New York.
2) G. Kraus (1978). *Science and Technology of Rubber*, F. R. Eirich ed., Academic Press,

New York, Ch. 8.
3) S. Kohjiya et al. (2005). *Polymer*, **46**, 4440.
4) S. Kohjiya et al. (2006). *Polymer*, **47**, 3298.
5) S. Kohjiya et al. (2008). *Prog. Polym. Sci.*, **33**, 979.
6) P. B. Stickney et al. (1964). *Rubber Chem. Technol.*, **37**, 1299.
7) G. Kraus (1965). *Rubber Chem. Technol.*, **38**, 1070.
8) J. B. Donnet et al. eds. (1993). *Carbon Black*, Marcel Dekker, New York.
9) A. R. Payne (1962). *J. Appl. Polym. Sci.*, **6**, 57.
10) A. R. Payne (1962). *J. Appl. Polym. Sci.*, **6**, 368.
11) A. R. Payne et al. (1971). *Rubber Chem. Technol.*, **44**, 440.
12) L. Mullins (1969). *Rubber Chem. Technol.*, **42**, 339.
13) J. Frank ed. (1992). *Electron Tomography：Three-Dimensional Imaging with the Transmission Electron Microscope*, Plenum Press, New York, London.
14) 加藤 淳ら (2007). 高分子分析技術最前線, 高分子学会編, 共立出版, 東京, 第Ⅰ部第1章.
15) Y. Ikeda et al. (2004). *Macromol. Rapid Commun.*, **25**, 1186.
16) A. Kato et al. (2014). *Characterization Tools for Nanoscience & Nanotechnology*, S. S. R. K. Challa ed., Springer, Berlin, Ch. 4.
17) 加藤 淳 (2014). 高分子, **63**, 632.
18) 加藤 淳ら (2014). 日本ゴム協会誌, **87**, 203.
19) S. Kohjiya et al. (2005). *J. Mater. Sci. Lett.*, **40**, 2553.
20) A. Kato et al. (2006). *Rubber Chem. Technol.*, **79**, 653.
21) A. Kato et al. (2007). *Rubber Chem. Technol.*, **80**, 690.
22) A. Kato et al. (2013). *Colloid Polym. Sci.*, **291**, 2101.
23) J. R. Kremer et al. (1996). *J. Struct. Biol.*, **116**, 71.
24) D. Stalling et al. (2005). *The Visualization Handbook*, C. D. Hansen et al. eds., Elsevier, Amsterdam, Ch. 38.
25) A. Kato et al. (2012). *Polymer Composites Volume 1：Macro- and Microcomposites*, S. Thomas et al. eds., WILEY-VCH, KGaA, Boscher, Ch. 17.
26) 加藤 淳ら (2012). ネットワークポリマー, **33**, 267.
27) 池田裕子 (2005). 繊維学会誌：繊維と工業, **61**(2), P-34.
28) 加藤 淳ら (2005). 日本ゴム協会誌, **78**(5), 180.
29) 鞠谷信三ら (2005). 高分子論文集, **62**(10), 467.
30) 加藤 淳ら (2006). 高分子, **55**(8), 616.
31) Y. Ikeda et al. (2007). *Rubber Chem. Technol.*, **80**, 251.
32) A. Kato et al. (2013). *J. Appl. Polym. Sci.*, **130**, 2594.
33) 加藤 淳ら (2016). プラスチック成形加工学会誌, **26**, 210.
34) T. Nishi (1974). *J. Polym. Sci., Polym. Phys. Ed.*, **12**, 685.
35) J. O'Brien et al. (1976). *Macromolecules*, **9**, 653.
36) 加藤 淳ら (2014). 日本ゴム協会誌, **87**, 252.
37) A. Charlesby (1953). *J. Polym. Sci.*, **11**, 513.
38) A. Charlesby (1954). *Proc. Roy. Soc., A*, **22**, 542.
39) A. Charlesby (1954). *J. Polym. Sci.*, **14**, 547.

40) 加藤　淳ら (2015). 日本ゴム協会誌, **88**, 3.
41) A. G. Facca et al. (2006). *Compos. Part A：Appl. Sci. Manuf.*, **37**, 1660.
42) K. Nakajima et al. (2008). *Current Topics in Elastomers Research*, A. K. Bhowmic ed. WILEY-VCH, KGaA, Boscher, Ch. 21.
43) P. Lindner et al. (2002). *Neutrons, X-rays and Light：Scattering Methods Applied to Soft Condensed Matter*, Elsevier, Amsterdam.
44) M. Shibayama (1998). *Macromol. Chem. Phys.*, **199**, 1.
45) 柴山充弘 (2010). *RADIOISOTOPES*, **59**, 395.
46) B. P. Grady et al. (1994). *Thermoplastic Elastomers, Science and Technology of Rubber*, 2nd ed., J. E. Mark et al. eds., Academic Press, San Diego, Ch. 13.
47) G. Holden et al. eds. (1996). *Thermoplastic Elastomers*, 2nd ed., Hanser, Munich.
48) Y. Ikeda et al. (1998). *Macromolecules*, **31**, 1246.
49) Y. Ikeda et al. (2001). *J. Macromol. Sci.-Phys.*, B**40**, 171.
50) Y. Ikeda et al. (2004). *Polymer*, **45**, 8367.
51) H. Urakawa et al. (2001). *Polymer Gels and Networks*, Y. Osada et al. eds., Marcel Dekker, New York, Ch. 1.
52) H. Urakawa et al. (2002). *Polymer Gels Fundamentals and Applications*, H. B. Bohidar et al. eds., ACS, Washington, DC, p. 70.
53) P. J. Flory (1956). *Principles of Polymer Chemistry*, Cornell Univ. Press, Ithaca.
54) I. L. Good (1955). *Proc. Cambridge Phil. Soc.*, **51**, 240.
55) K. Kajiwara et al. (1970). *Brit. Polym. J.*, **2**, 110.
56) Y. Ikeda et al. (2008). *Macromolecules*, **41**, 5876.
57) Y. Ikeda et al. (2007). *Polymer*, **48**, 1171.
58) Y. Ikeda et al. (2009). *Macromolecules*, **42**, 2741.
59) T. Karino et al. (2007). *Biomacromolecules*, **8**, 693.
60) G. Bunker (2010). *Introduction to XAFS*, Cambridge Univ. Press, Cambridge.
61) 太田俊明編 (2000). X線吸収分光法－XAFSとその応用, アイピーシー, 東京.
62) T. Masui et al. (2014). *J. Phys. Conf. Ser.*, **502**, 012057.
63) Y. Yasuda et al. (2014). *Macromol. Chem. Phys.*, **215**, 971.
64) A. Tohsan et al. (2015). *Memoirs of the SR Center, Ritsumeikan Univ.*, **17**, 135.
65) Y. Ikeda et al. (2015). *Macromolecules*, **48**, 462.
66) 池田裕子ら (2015). 化学, **70**(6), 19.
67) J. J. Low et al. (2009). *J. Am. Chem. Soc.*, **131**, 15834.
68) G. Parkin (2004). *Chem. Rev.*, **104**, 699.
69) GaussView 5, Gaussian Inc. [http://www.gaussian.com/]
70) 原田義也 (2007). 量子化学　下, 裳華房に詳しい.
71) T. クーン著, 中山　茂訳 (1971). 科学革命の構造, みすず書房, 東京.
72) L. Bateman et al. (1963). *The Chemistry and Physics of Rubber-like Substances*, L. Bateman ed., Maclaren, London, Ch. 15.
73) A. Y. Coran (1983). *Chemtech*, **13**, 106.
74) A. D. Roberts (1988). *Natural Rubber Science and Technology*, Oxford Univ. Press, Oxford.

75) R. P. Quirk (1988). *Prog. Rubber Plast. Technol.*, **4**, 31.
76) A. Y. Coran (1994). *Science and Technology of Rubber*, 2nd ed., J. E. Mark et al. eds., Academic Press, San Diego, Ch. 7.
77) P. M. Priyadarshan et al. (2003). *Genet. Resour. and Crop Evol.*, **50**, 101.
78) A. Clément-Demange et al. (2007). *Plant Breeding Reviews*, John Wiley & Sons, p. 177.
79) A. Y. Rahman et al. (2013). *BMC Genomics*, **14**, 75.
80) J.-P. Liu et al. (2015). *BMC Genomics*, **16**, 398.
81) D. Lespinasse et al. (2000). *Theor. Appl. Genet.*, **100**, 127.
82) M. P. Carron et al. (1995). *Somatic Embryogenesis in Woody Plants*, S. M. Jain et al. eds., Springer Netherlands, p. 117.
83) P. Arokiaraj et al. (1994). *Plant Cell Rep.*, **13**, 425.
84) P. Arokiaraj et al. (1998). *Plant Cell Rep.*, **17**, 621.
85) P. Venkatachalam et al. (2007). *Agrobacterium Protocols Vol. 2*, K. Wang ed., Humana Press, p. 153.
86) P. Montoro et al. (2000). *Plant Cell Rep.*, **19**, 851.
87) G. Blanc et al. (2006). *Plant Cell Rep.*, **24**, 724.
88) V. Pujade-Renaud et al. (2005). *Biochim. Biophys. Acta*, **1727**, 151.
89) P. Priya et al. (2006). *Plant Sci.*, **171**, 470.
90) Y. Aoki et al. (2014). *Plant Sci.*, **225**, 1.
91) J. Leclercq et al. (2012). *Plant Mol. Biol.*, **80**, 255.
92) R. Jayashree et al. (2003). *Plant Cell Rep.*, **22**, 201.
93) S. Sobha et al. (2003). *Curr. Sci.*, **85**, 1767.
94) B. Z. Hao et al. (2000). *Ann. Bot.*, **85**, 37.
95) D. Wahler et al. (2009). *Plant Physiol.*, **151**, 334.
96) K. Berthelot et al. (2014). *Biochimie*, **106**, 1.
97) J. Collins-Silva et al. (2012). *Phytochemistry*, **79**, 46.
98) A. Hillebrand et al. (2012). *PLoS ONE*, **7**, e41874.
99) P. Priya et al. (2007). *Plant Cell Rep.*, **26**, 1833.
100) N. Dong et al. (2013). *Ind. Crop. Prod.*, **46**, 15.
101) M. E. Veatch et al. (2005). *Ind. Crop. Prod.*, **22**, 65.
102) L. Salgado et al. (2014). *BMC Genomics*, **15**, 236.
103) F. Wei et al. (2015). *Gene*, **556**, 153.
104) D. Li et al. (2015). *Tree Genet. Genomes*, 11, 1.
105) H. M. Wilson et al. (1975). *Ann. Bot.*, **39**, 671.
106) Y. Aoki et al. (2014). *Plant Biotechnol.*, **31**, 593.
107) E. Sunderasan et al. (2012). *J. Rubber Res.*, **15**, 4.
108) P. Arokiaraj et al. (2002). *J. Rubber Res.*, **5**, 157.
109) H. Yeang et al. (2002). *J. Rubber Res.*, **5**, 215.

〈コラム〉
1) 日本免震構造協会 (1997). 免震積層ゴム入門, オーム社, 東京.
2) 日本ゴム協会免震用積層ゴム委員会編 (2000). 免震用積層ゴムハンドブック, 理工図書, 東京.

5 ニューマチックタイヤ

5.1 車輪の発明からニューマチックタイヤまで

5.1.1 車輪の発明

人類の祖先がアフリカのサバンナに生まれ，世界各地に旅立っていったことを考えると，どこかに移動すること（モビリティ）は我々の DNA に備わったものといえるだろう．そして，移動に伴う物の陸上輸送は人類の生存にとって必要不可欠な手段であった．最古の陸上輸送の手段は橇（そり）であったといわれ，現在でも氷上や雪上で使われている．氷上や雪上では摩擦が小さいので橇を容易に動かせるが，それ以外では大きい滑り摩擦のために大きな力が必要になる．

転がり摩擦は滑り摩擦よりも小さいことから，丸太を利用した「コロ」などから車輪のアイディアが生まれ，次第に車輪と車軸に分かれていったと推測される．初めて車輪を用いたのは，紀元前 3000 年ごろ，チグリス・ユーフラテス河口域（現在のイラク）に住んでいたシュメール人といわれる．これは古代メソポタミアの遺跡に残された絵文字に，車輪のついた乗り物が残っていることから推測できる．この車輪の外周には動物の皮がかぶせてあり，銅製の釘で固定されていたという．タイヤは車輪の外周部分という意味で，タイヤは車輪の発明に続いたといえよう[1]．このようなタイヤが約 3000 年にわたって使われていたが，今から約 2000 年前のローマ時代，ライン川流域に暮らしていたケルト人によって，木の車輪の外周に鉄の輪を焼き嵌める革新的手法が開発され，鉄製のタイヤが出現した．日本でも 50 年ほど前まで，大八車や家畜が引く荷馬車につけられた鉄製のタイヤをよく見かけたものである．

5.1.2 ゴム製タイヤの発明

鉄製タイヤつき車輪で凹凸のある路面を走ると振動と騒音が激しいので，1835年，ゴム製のソリッドタイヤ（タイヤ全体がゴムからなる，空気を入れないタイヤ）が現れた．このタイヤに使われたゴムは加硫していない生ゴムであったので，耐摩耗性能が悪かった[2]．また，加硫なしのゴムは高温の夏には軟らかくて流動し，冬には硬くて割れる欠点があった．この温度特性を克服すべく，アメリカのグッドイヤー（C. Goodyear；なお，アメリカの大手タイヤメーカーであるグッドイヤーの社名は彼の名を用いたものであるが，グッドイヤー本人は当社の設立当時すでに死亡しており，創業にも経営にも全く関与していない）が生ゴムに硫黄と鉛白を加えて加熱する加硫法を1839年に発明した．これに続いて，ゴムの加工についてのエキスパートであったイギリスのハンコック（T. Hancock）が，加硫法を工夫し近代的ゴム工業が始まった．加硫したゴムは耐久性能，耐摩耗性能が優れていたため，自転車を中心にゴム製のソリッドタイヤが普及した[3]．1914年に始まった第一次大戦の軍用車でもソリッドタイヤが使用され，最高速度は30 km/h程度で長く走るとゴムが発熱して焼け，煙が出たとのことである．ゴム製のソリッドタイヤは今日でも三輪車，乳母車などに使われている．

5.1.3 ニューマチックタイヤの誕生と発展

(1) ニューマチックタイヤの誕生

自動車に欠かせないニューマチックタイヤ（空気入りタイヤ：pneumatic tire）のアイディアは，イギリスのトムソン（R. W. Thomson）が考案し1845年に特許を取得している．図5.1に示す「aerial wheel」と名付けられたニューマチックタイヤの構成は，空気入り，ゴム引きキャンバス製のベルトを使うということであり，この構造もはたらきも原理的には今日のタイヤと同等といってよく，乗り心地の良さ，走る馬車の静かさ，そして小さい転がり抵抗に人々が驚いたといわれている[3~5]．しかし，このタイヤはホイールに装着するのが難しく，値段も高かったため普及しなかった．また，1865年，イギリスには赤旗法（蒸気自動車の速度は6.5 km/h以下で，車を走らせるときは赤旗をもった前方警戒人をつけねばならない）が公布され，この規制のために蒸気自動車が普及しなかったこともあり，トムソンの発明は忘れ去られてしまった．

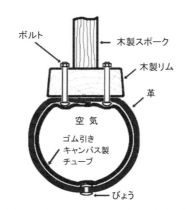

図 5.1 トムソンのニューマチックタイヤ[6]

　その後，ダンロップ（J. B. Dunlop）が同様の着想を得て，トムソンから四十数年後の 1888 年にそれまでゴム製のソリッドタイヤをつけていた息子の三輪車でニューマチックタイヤの実験をくり返し，タイヤのホイールへの取付け方法改善に成功した．1889 年の自転車レースでダンロップのニューマチックタイヤを使った選手が，ソリッドタイヤを使っている選手に圧勝し，ニューマチックタイヤでは転がり抵抗が大幅に減り，楽に走れることが知れわたり，ダンロップ社の前身であるニューマチックタイヤの会社がベルファストに設立された[3]．自動車にニューマチックタイヤを初めて適用したのは，フランスのミシュラン（Michelin）兄弟（1889 年創業のミシュラン社の創業者）である．自転車用のニューマチックタイヤで成功を収めていた彼らは，1895 年，自分たちが作った車にニューマチックタイヤを装着し，自らが運転してパリ-ボルドー往復 1179 km のレースに出場した．タイヤのパンクが多発して 24 本のチューブを使い，完走車 9 台のうち 9 位でゴールした．彼らは「10 年以内にすべての車にニューマチックタイヤが装着されるだろう」と宣言し，1896 年，自動車用ニューマチックタイヤの販売を開始した[3,4]．

　ニューマチックタイヤが普及するためには，車輪へのタイヤの組付け，取り外しが容易でなければならない．1890 年にウェルチ（C. K. Welch）が発明したものが，図 5.2 に示すビードワイヤー入りのタイヤビードと円弧型断面をもつリムの組み合わせである．この発明のタイヤは「ワイヤードオン（wired on）」また

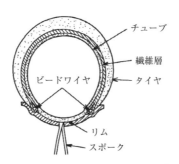

図 5.2 車輪へのタイヤの組付け装置[6]

は「ストレートサイデッド（straight sided）」と呼ばれている．同年，バートレット（W. K. Bartlett）はワイヤーの代わりに硬いゴムをフランジに引っかける「クリンチャー（clincher）」と呼ばれる組付け方式を発明した．ウェルチとバートレットの方式を発展させ，現在のタイヤのビード構造が形作られている[3,7]．

(2) ニューマチックタイヤの技術革新

ニューマチックタイヤは数多くの発明によって性能を向上させてきた．タイヤの歴史的大発明として，タイヤコードを糸を織ったキャンバスから縦糸と比較的弱い横糸で粗くとじた「すだれ織」への変更（1892年），カーボンブラックによるタイヤのゴムの補強（1912年頃），化学繊維のタイヤコードへの活用（ナイロン：1942年），スチールラジアルタイヤの登場（1946年）が挙げられる[3,7]．これらの技術を以下に説明する．

初期のタイヤはゴム引きしたキャンバス（服に使われる織物）を骨格材として使っていた．キャンバスは縦糸と横糸が交差しているので，タイヤが走行によって変形するたびに擦れ合い，短期間に擦り切れてしまった．1892年，アメリカのパルマー（J. F. Palmer）は縦糸と横糸を直接織り合わせず，縦，横に相当する糸をそれぞれ平行に並べ，その間に薄いゴム層を挟みながら貼り合わせて，糸の擦れをなくした「すだれ織」の特許を申請した．このコード構造がヨーロッパで普及したのは第一次世界大戦後で，当時のタイヤの寿命は高々5000 kmであったが，コード構造の変更によってタイヤの耐久性が3～5倍改良された[3]．また，カーボンブラックをゴムに混ぜるとゴムの強度が向上し，ゴム製品の耐久性や耐摩耗性が向上することが1910年頃にイギリスの印刷会社によって発見された．タイヤには1912年頃から使われ始め，耐久性が10倍程度改良された[2,3]．さらに，

5.1 車輪の発明からニューマチックタイヤまで

初期のタイヤには木綿コードが使われていたが,自動車性能の向上,道路整備に伴う高速化に対処するため,アメリカでは1938年からレーヨンが,さらに1942年にナイロンが使われ始め,タイヤの耐久性能の向上と軽量化を達成した.さらに,1962年にポリエステルが,1970年代にはアラミド繊維(ケブラー)が使われ始めた[6].これらの繊維は現在でもタイヤの用途に応じて使われ続けている.

4番目のスチールラジアルタイヤ(steel belted radial tire)は,後述するようにニューマチックタイヤの歴史上最も重要な技術であるので詳細に述べる.スチールベルト付きラジアルタイヤの特許はイギリス人のグレイ(G. H. Gray)とスローパー(J. Sloper)によって1913年に取得された[4].しかし,2人のアイディアは第一次世界大戦の勃発のために実用化には至らなかった.図5.3はバイアスタイヤ(bias tire)とラジアルタイヤの比較である.バイアスタイヤは「すだれ織」のカーカスを斜め方向に向けて左右交互に重ねる.コードを斜めに配置するので「バイアス(斜めの)」タイヤと呼ばれる.空気圧によって2枚から数十枚を重ね合わせる.一方,ラジアルタイヤはタイヤを真横から見るとカーカスのコードが放射状に走っている.「ラジアル(放射状の)」方向にコードが入ったタイヤという意味で,ラジアルタイヤと呼ばれる.ラジアル方向のコードのみでは空気を入れたときにバラバラになってしまうので,ラジアルタイヤでは周方向にタガ効果を発揮するベルトが組み合わされる.

1939年,ミシュラン社のミグノル(M. Mignol)はバイアスタイヤの転がり抵抗に関して部材ごとの寄与を研究するために,サイド部の寄与の少ないベルトのないラジアルタイヤを試作した.このタイヤではトレッド部とサイド部で転が

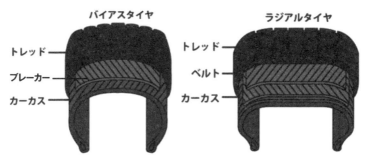

図5.3 バイアスタイヤとラジアルタイヤ

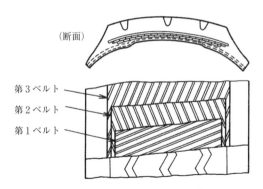

図 5.4 3層スチールベルト構造[2]

り抵抗がほとんど生じなかった．これに興味を抱いたブルドン（P. M. Bourdon）はラジアルタイヤの研究を続け，列車用スチールベルト付きラジアルタイヤを開発し，バイアスタイヤに比べ多くの性能が向上していることを実証した[4]．フランスへの特許出願（1946 年），試作タイヤの生産開始（1948 年）を経て，1950 年，ラジアルカーカス構造にスチールベルトを組み合わせた乗用車用スチールラジアルタイヤ"X"が初めてランチアに標準装着された．その後，1952 年にはアルファロメオでの標準装着，フェラーリでの装着推薦へと拡大していった[4,5]．このタイヤは図 5.4 に示すように，3 層のスチールベルト構造を採用し，転がり抵抗，耐久性能，耐摩耗性能，操縦安定性能が大幅に向上した．しかし，乗り心地が悪い，急カーブでスピンを起こしやすいという欠点をもっていた．1967 年，ミシュラン社はスチールベルトを 3 層から 2 層に減らし，その代わりにベルトを固いゴムでサンドイッチすることによって"X"の欠点を改善した"ZX"を発売し，高い評価を受けた．現在の乗用車用タイヤは"ZX"の構造がベースになっている[2,4]．スチールラジアルタイヤの発明以降，それに比肩する技術は発明されておらず，タイヤ業界は小さな技術を積み重ねて，スチールラジアルタイヤに改善・改良を加えてきたといえる．例えば，1947 年の BF グッドリッチ（B. F. Goodrich）社のヘルツェグ（F. Herzegh）によるチューブレスタイヤの発明，1970 年の代グッドイヤー社のオールシーズンタイヤの開発などが挙げられる[7]．

(3) ニューマチックタイヤのさらなる技術革新（1990 年代以降）

このようなタイヤ技術の成熟化の時代のなかで，1990 年代の大きな成果とし

て，シリカの活用，ランフラットタイヤ，全自動成型システムが挙げられる．

シリカをカーボンブラックの代わりに用いると，ウェット路面での摩擦係数を犠牲にすることなく転がり抵抗を低減できることは知られていたので，薬品会社やタイヤ会社がそれぞれ研究を続けていたが，実用化には至っていなかった．1992年，ミシュラン社はシリカを充てんしたトレッドゴムを用いて，従来のカーボンブラックを充てんしたタイヤに比べ，ウェット路面での制動距離は変わらず転がり抵抗を20%低減した「グリーンタイヤ」を発売した．その後，地球温暖化やガソリン価格高騰によって転がり抵抗とウェット路面での制動性能の両立技術の重要性が高まり，シリカ技術はタイヤ業界にとって必要不可欠な技術となった．当時のミシュラン社の社長は「多くのタイヤ会社があきらめていたシリカ充てんタイヤの実用化には二十数年の期間を要したが，私のしたことはその研究を長期間続けさせたことだけだ」と述べている．しかし，シリカ充てんコンパウンドはカーボンブラック充てんコンパウンドに比べ摩耗性能が劣る課題が残っている．

ランフラットタイヤシステムの研究は1900年代初頭から始まっており，複数のチューブをもつシステム，タイヤの内側に発泡体を入れる，シーラント剤を噴出して自動的にパンク修理をする，タイヤの内側のホイールにパンク時に荷重を支える構造物を組付ける，サイド部を補強する，など各種のアイディアが提案された．1970年代，その一部は軍事用車両に用いられ，そして乗用車にオプション装着された．しかし，ランフラットタイヤシステムが主因とはいえない偏摩耗等の問題のために普及しなかった[5]．その後も改良が続けられ，現在販売されているランフラットタイヤシステムは図5.5に示す3つのタイプに分類できる．また，空気圧がゼロの状態で80 km/hのスピードで80 kmの距離を走行可能なタイヤをランフラットタイヤと呼ぶことがISOで定められている．3つのランフラットタイヤシステムのなかで最も普及しているのがサイド補強タイプである．中子タイプは通常リムを使うタイプと特殊リムを使うタイプに分かれている．特に，ミシュラン社が熱心に特殊リムを使うタイプのPAXシステムの普及に努めたが，特殊リムへのタイヤ装着の煩雑さ等の理由で普及していない．また，シーラントタイプは1970年代に各社から発売されたが，シーラント剤の安定性に課題があり普及しなかった．近年，コンチネンタル社が新たに販売を開始している．また，どのタイプのランフラットタイヤシステムでもパンクして空気が抜け

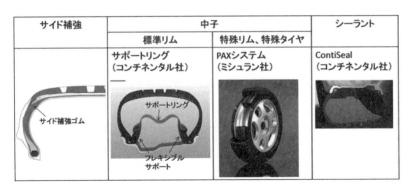

図5.5 ランフラットタイヤシステム

てしまったときに,ドライバーがパンクに気づきにくいので,タイヤ空気圧監視システム (tire pressure monitoring system：TPMS) を車に搭載する必要がある.現在タイヤ業界はランフラットタイヤを普及させる努力を続け,BMW など一部メーカーで採用されているが,乗り心地,燃費性能,価格,TPMS 搭載義務等の理由から,普及はいまだ限定的である.

全自動成型システムについては,1990 年代にミシュラン社が従来とかなり異なったタイヤ新生産方式(C3M)を開発し,その後他社も似たような生産方式を用いてタイヤ生産を開始した.全自動成型システムではタイヤの均一性(ユニフォーミティ)が改良されるが,生産するタイヤ種を変更するときゴム材料に無駄が生じ,期待していたほどフレキシブルな生産方式ではないこと,構造設計の自由度が減り複数の性能のチューニングが難しいことなどのために,一時予測されたほど適用は拡大していない.

(4) タイヤの技術革新の業界への影響

上記の発明を分類すると,表5.1に示すようにタイヤを構成する繊維などの素材の変化,タイヤ構造の変化,タイヤ製法の変化に分類できる[8,9].これら発明のなかでタイヤ業界に対して最も大きな影響を与えたのは,バイアスタイヤからスチールラジアルタイヤへの変化となろう.1980 年代にアメリカの5大タイヤメーカーのうち4社がこの変化に対応できず淘汰されてしまったことからも明らかである[10].スチールラジアルタイヤについてはバイアスからラジアルというカーカス構造の変化に注目されがちであるが,上記の3つの変化が複合的に生じ

表 5.1 タイヤの歴史的大発明の業界への影響

年代	技術	変化の内容			業界への影響
		素材	構造	製造	
1892 年	キャンバス→すだれ織	△	◎	○	△
1912 年	カーボンブラック	◎	△	○	△
1942 年	ナイロン	◎	△	◎	△
1946 年	スチールラジアルタイヤ	◎	◎	◎	◎
1990 年代	シリカ	◎	△	○	△
	ランフラットタイヤ	○	◎	△	△
	全自動成型システム	○	○	◎	○

影響度 ◎：大，○：中，△：小．

たととらえねばならない．つまり，①素材の変化：スチールベルトの活用，②構造の変化：バイアスカーカス構造からベルトつきラジアルカーカス構造，③製法の変化：ラジアルカーカスとベルトの成型及びスチールとゴムの接着を改良する製法，である．スチールラジアルタイヤでは変化が複合的であったがゆえに，規模の大きな会社であればあるほどこの技術変化に対応するのが難しくなった結果，1980 年代のオイルショックによるアメリカの不況という不運も重なり，アメリカの 4 社が淘汰されたといえる．

表 5.1 に示す 1990 年代の技術のなかで，全自動成型システムはスチールラジアルタイヤに次いでタイヤ業界に対する影響が大きい発明であり，現在の課題を解決できれば従来の製造設備が陳腐化するので，従来の製造設備を大量に保有していない比較的小さな規模の会社に競争優位なポジションを与えることになるだろう．

5.2 ニューマチックタイヤの機能

5.2.1 タイヤに要求される機能とメカニズム

タイヤの基本機能は次の 4 つとされてきた．
① 荷重を支える（負荷荷重機能）．
② 駆動力・制動力を路面に伝える（トラクション・ブレーキ性能）．
③ 方向を転換・維持する（操縦性能，安定性能）．

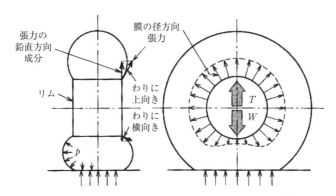

図 5.6 ニューマチックタイヤが荷重を支えるメカニズム[2)]

④ 路面からの衝撃を緩和する（乗心地性能）．

　ソリッドタイヤはゴムの変形によって荷重を支えている．一方，ニューマチックタイヤは荷重が加えられると，自分が変形することによって空気圧を利用して荷重を支えている．図5.6に示すように接地面付近ではタイヤの変形によってカーカスにはたらく下向きの張力が減少している．一方，接地していない部分では変形が小さいのでカーカスにはたらく張力は上向きのままである．このようにニューマチックタイヤではカーカス張力の上向き成分の合力 T と荷重 W がつり合って荷重を支えている．そして，接地面付近のみで大きく変形することによって大きな荷重を支えるとともに，大きな変形の結果として得られる小さいバネ定数によって路面からの衝撃を緩和することができる．

　車の方向を転換するためにハンドルを右に切ったとき，図5.7に示すように車輪の中心面は車の進行方向より右方向を向く．ニューマチックタイヤには接地面で大きな横たわみが生じ，これが戻ろうとしてコーナリングフォースが発生する．横変形が極端に小さいソリッドタイヤや鉄輪では，少ないハンドル切り角でコーナリングフォースが飽和してしまうので，ニューマチックタイヤに比べ運転しにくい車になってしまう．ニューマチックタイヤのなかでは横たわみが小さいほうが大きなコーナリングフォースを発生し，良好な操縦安定性を発揮できる．そのため，バイアスタイヤより剛性の高いスチールベルトをもつスチールラジアルタイヤの方が操縦安定性はよい．一方，駆動力・制動力ではタイヤの変形が進行方向に生じることが図5.7に示す操縦安定性能と異なっているが，同じ考え方でそ

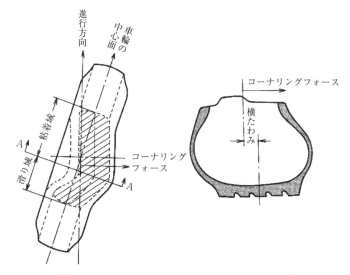

図 5.7 コーナリング時のニューマチックタイヤの変形[2]

れらの性能を説明できる．そのため，駆動・制動性能もバイアスタイヤよりスチールラジアルタイヤの方がよい．

近年，地球温暖化，燃料価格の高騰，資源の枯渇などの社会情勢の変化に対応するため，自動車メーカーでは低燃費・低CO_2化・軽量化を実現できる車の開発が進んでいる．そのため，地球温暖化や省資源に関連した転がり抵抗・摩耗，そして生活環境に関連したタイヤ騒音が重要になっている．これらの性能を環境性能と呼ぶと，タイヤ研究も基本機能から環境性能へとシフトしてきている．このように，タイヤの基本機能に関するパラダイムシフトが起きているといえる．

5.2.2 タイヤの設計要素

タイヤが車の1つの部品でありながら複数の機能を同時に実現している秘密は，複数の材料を組み合わせた複合材料の集合体である複合構造にある．図5.8に示すようにタイヤが地面と接触する部分には，スチールコードとゴムおよび有機繊維コードとゴムの複合材料が使われ，タイヤの側面には乗用車用タイヤでは有機繊維コードとゴム，トラック・バス用タイヤではスチールコードとゴムの複合材料が使われている．さらに，ゴムはミクロにみるとポリマー，硫黄，カーボ

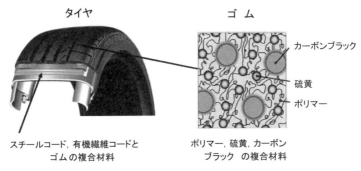

図 5.8　タイヤと複合材料

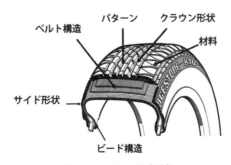

図 5.9　タイヤの設計要素

表 5.2　設計要素のタイヤ性能への寄与度

設計要素	転がり抵抗	ブレーキ	摩耗	乗り心地	操安	騒音	設計パラメータ数
形　状	○	△	○	○	○	△	10 程度
パターン	△	◎	◎	△	◎	◎	数百
構　造	○	○	○	○	○	△	50 程度
材　料	◎	◎	◎	○	○	○	数百

影響度　◎：大，○：中，△：小．

ンブラックの粒子分散系複合材料である．

　タイヤの設計要素には図 5.9 に示す形状（サイド部，クラウン部），構造（ベルト部，ビード部），パターン，材料の 4 種類がある．この 4 つの設計要素を用いて上記 4 つの基本機能と環境性能を同時に満足させることがタイヤ設計の難しさである．表 5.2 にタイヤ設計要素のタイヤ性能への寄与度を示す．一般に，設計の難しさは設計パラメータ数に比例するので，タイヤの要素のなかで形状設計は最も容易で，次に構造設計，パターン設計，材料設計の順番に設計の難しさは

増す．通常，タイヤの設計は次のステップで行われる．①開発に最も時間のかかるタイヤのパターンに関し，筋のよいパターンを開発しておく，②目標性能に応じたタイヤ形状を設計し，パターンつきのタイヤモールドを作成する，③タイヤ構造や材料を変更しながら目標性能に近づける，④性能を室内，実車，市場で評価する，⑤もし目標性能が達成できなかった場合，パターンを修正して②以下のステップを繰り返す．難しい開発の場合，乗用車用タイヤで数年，トラック・バス用タイヤで10年以上かかることもある．

以下，タイヤの設計要素に関する形状，構造，パターン，材料技術を解説する．

5.3 ニューマチックタイヤの工学的設計

5.3.1 タイヤの形状設計

(1) タイヤの形状設計の歴史

表5.2に示すようにタイヤ形状は設計要素のなかで最もパラメータが少ないので，タイヤの技術開発の歴史のなかで古くから多くの研究がなされてきた．タイヤ断面形状に関する最初の研究はシッペル[11]によって行われたといわれている．彼はタイヤの断面形状を楕円と仮定して，タイヤのカーカス張力と内圧のつり合い条件を用いてタイヤ形状の方程式を導出した．

1928年，デイとパーディ（Day & Purdy）[12]はバイアスタイヤに空気を入れたときにタイヤ断面が形成する形状の理論に着手し，長い間秘密にしていた．そのため，バイアスタイヤの形状理論の完成時期とタイヤへ最初に適用された時期は不明であるが，他社でも多くの研究者が同様の研究を行っていたようである．この形状は自然平衡形状と呼ばれ，今でもタイヤ設計時にコントロール形状として使われている．その後，パーディによって書かれたタイヤ形状理論の本[13]はよくまとまっていて参考になる．

ラジアルタイヤの形状はベーム（Böhm）[14]によって初めて研究された．ラジアルタイヤではベルトとカーカスが受け持つ力と空気圧とのつり合いを考慮に入れねばならないので，ベルトが受け持つ力の分担率を放物線と仮定してラジアルタイヤの自然平衡形状を決定する基礎式が求められた．

従来の力のつり合いから断面形状を求めるという考え方とは逆に，ベルトや

カーカスの張力分布をコントロールするために形状をどうすればよいかという観点から,山岸[15]らによってあえて自然平衡形状から外した非自然平衡形状が提案された.彼らは非自然平衡形状によってベルト張力とビード部のカーカス張力を大きくすると,乗用車用タイヤの操縦安定性,転がり抵抗,摩耗などの性能が向上することを示した.その後同様の考え方が小川[16]らによってトラック・バス用タイヤに応用された.しかし,彼らはタイヤの性能を引き出すために非自然平衡形状を自然平衡形状からどの方向に外すかという考え方を示したが,それらの断面形状を表現する方程式を明示できなかった.彼らの考え方を発展させ,これらの問題を解決したのが中島ら[17]による有限要素法(finite element method:FEM)と最適化手法(optimization technique)を組み合わせた最適形状設計法である.この理論では目的関数(objective function)として設定できるあらゆるタイヤの性能を最大化できるサイド形状を最適化の結果として求めることができるので,図5.9に示すタイヤの基本構造が変わらない限り,この理論がタイヤのサイド形状設計の最終的な考え方といえよう.また,中島ら[18]は同様の手法をタイヤが地面に接地する部分のクラウン形状設計にも応用し,クラウン形状設計の最終的な考え方も提示した.現在,サイドとクラウンの最適形状設計はタイヤ業界で使われる標準的なツールとなっており,タイヤ業界は最適化手法を製品設計に最も有効に活用している業界となっている.

(2) タイヤの最適形状設計

図5.10は最適形状設計手法で得られた最適形状とコントロール形状の比較である.目的関数として操縦安定性能を設定し,それに関連する物理量としてタイヤに空気を充てんしたときのベルト部とビード部のカーカス張力を,制約条件としてタイヤのサイズが変わらないように最大幅が規格内におさまることを与えた.設定した物理量を最大化する最適形状はコントロール形状のような外側に凸な形状ではなく,タイヤ設計者がこれまで思いつかなかった波型の形状であった.最適形状によって室内操縦性評価が改良され,テストコースでの実車フィーリング評価でも操縦安定性能が改良されることが実証された.

さらに,同様の考え方をタイヤのクラウン形状の最適設計に適用し,最適形状で接地圧分布を均一化することによって,操縦安定性能,摩耗・偏摩耗性能が改良されることが実証されている[18].

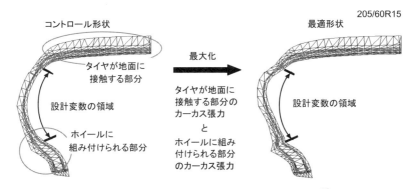

図 5.10　最適形状設計手法によって得られたサイド形状[18]

最適化手法を用いると，思いもかけない設計案が生み出されることもある．コンピュータによる最適設計システムを用いれば，設計そのものを数十回のコンピュータ計算で実行することができるが，だからといって，経験・実験が重要ではないということではない．むしろ，最適設計システムをうまく活用すれば，試行錯誤を繰り返した末にやっと設計案をまとめるという作業から解放されるだけでなく，最適解から新たなヒントを得ることができることこそがポイントなのである．また，最適設計システムを構築していくことは，現在の設計プロセスをコンピュータに組み込むことを意味しており，設計する際に「ある物理量を，ある値以下に抑えるとよい」等の暗黙知を形式知化することであり，現在の技術を集大成することにもつながる．

5.3.2　タイヤの構造設計

タイヤの構造設計は製造技術や製造工程の限界を考慮しながら，タイヤに用いられているゴム系繊維強化複合材料（fiber reinforced rubber：FRR）とゴム材料の剛性や粘弾性特性等をコントロールすることによって，タイヤの目標性能を達成するプロセスである．FRRは繊維やスチールコードによって強化されたゴム材料であり，いわゆる複合材料という言葉の定義がなかった時代から，タイヤ，ベルト，ホースなど柔軟な変形を必要とする製品の材料として広く利用されてきている．広く用いられている複合材料であるプラスチック系複合材料（fiber reinforced plastic：FRP）とFRRを比較すると，FRRでは有機繊維やスチールコー

ドと母材であるゴムの弾性率の比が100〜1000倍以上もあるが，FRPでは母材であるプラスチックの弾性率が大きいので，繊維と母材の弾性率の比は10倍程度である．この弾性率の比の違いによってFRRはFRPとは違った異方性を示す．また，FRRは母材としてのゴムが粒子分散系複合材料であること，および有機繊維やスチールコードは撚られた状態で利用されていることなど，FRPとはかなり異なった特徴を有している．広い意味でのFRRにはコードで補強された複合材料ばかりでなく，カーボン補強ゴム，さらには熱可塑性エラストマー（thermoplastic elastomer : TPE）のように樹脂の中にゴムの粒子が入ったゴム／樹脂分散材料なども含まれる．

タイヤの構造設計には，図5.9に示すようにベルト構造とビード構造の2種類の設計がある．ベルトはタイヤに用いられている代表的なFRRで，タイヤの回転方向に対しある角度の繊維方向をもつ複数層のFRRが積層されている．タイヤには異なる目標性能を達成するために各種の積層構造（トポロジー変化も含む），材料が用いられている．乗用車用タイヤでは2層のスチールコード複合材料と数層の有機繊維コード複合材料が用いられている．一方，トラック・バス用タイヤではカーカスも含め4〜5層の複合材料が用いられ，建設用車両タイヤでは7層の複合材料が用いられているものもある．

ベルト構造やビード構造の設計法として，中島ら[20,21]によってトポロジーの異なるベルト構造も考慮することのできる最適化法とFEMを組み合わせた手法が提案されている．この手法が構造設計手法の最終的な考え方の方向を示しているといえよう．

5.3.3　タイヤのパターン設計

タイヤのパターンは幅広い溝とサイプと呼ばれる狭い溝から構成され，表5.2に示すように多くのタイヤ性能に関係している．パターン設計は通常次のステップで行われる．①パターンデザイナーがあるコンセプトのもとにパターンの剛性，サイプの長さなどを考慮して数多くのパターン原案を発想する，②それらをパターンCAE（computer aided engineering）ツールや実験的手法で評価し，数個の筋のよいパターンに絞り込む，③絞り込んだパターンを室内試験，実車試験で評価する，④目標未達の場合②に戻りパターンを改良する．パターンの役割は，

ウェット路面，雪氷路面など各種路面でグリップ力を確保することであるが，トレッドにパターンが刻まれるためタイヤ騒音や偏摩耗が発生してしまう．これらパターンに関わる性能を机上で予測するツールがパターンCAEツールで，そのなかでよく使われているのは中島[22]のピッチノイズ理論に基づいたパターン騒音予測ツールである．

また，FEMを用いたタイヤと路面の相互作用を予測するCAEツールもパターン設計によく用いられる．中島ら[23,24]はパターン設計に活用できるレベルの予測精度をもち，実用パターンをモデル化できるハイドロプレーニングのFEMシミュレーションを初めて開発した．予測した接地面での水の流れと実測の水の流れはよく一致しており，異なったタイヤパターンのハイドロプレーニング発生速度の違いを予測できることが実証されている．

このCAEツールを用いてF1タイヤ用WETパターンが開発された．ウェット路面でのF1タイヤの性能を室内で評価することは装置の制約から難しかったので，F1タイヤのWETパターンは実車テストを繰り返して開発していた．そこで，パターンのないF1タイヤがウェット路面を走行したときに生じるタイヤと路面間の水の流れをCAEツールを用いて予測し，パターンをこの水の流れに沿ってトレッドに刻めば水を効率的に排水できるという仮説を用い，CAEツールのみによってF1タイヤ用WETパターンが設計された．2000年，シルバーストーン（イギリス）の雨中のF1レースにおいて，このタイヤを装着したフェラーリ車（ミヒャエル・シューマッハ運転）が圧倒的な速さで優勝し，CAEツールを用いて実用的なパターンが開発できることを初めて実証できた．さらにこの技術を発展させ，雪上トラクションのシミュレーション技術を開発し，実験では計測できないタイヤと雪の間にはたらく雪柱せん断力を「見える化」できた．この技術を用いることによって雪のない時期にもパターン開発が可能となり，スタッドレスタイヤのパターン開発に必要不可欠な技術となっている[25]．

5.4 ニューマチックタイヤの材料設計

5.4.1 材料設計の考え方

表5.2に示したように，材料設計がニューマチックタイヤの設計要素のなかで

タイヤ性能に最も寄与が大きい．自動車タイヤは原料ゴム，タイヤコード，カーボンブラック，ビードワイヤー，配合剤等，100種類を超える原材料で構成されている．このうち約半分の原材料は石油（ナフサ）を原料とする化学製品であり，石油に対する依存度は高い．2013年度の日本におけるタイヤ原材料消費量の重量構成比は，図5.11に示すように約半分がゴム（天然ゴム29%，合成ゴム22%）から構成され，次いでカーボンブラック（CB）やシリカなどの補強剤25%，スチールコードや有機繊維コードなどのタイヤコード13%の順となっている．タイヤは図5.9に示す部材ごとに求められる機能が異なるので，タイヤの種類やその部材によって異なる種類のゴムが使われる．表5.3に示すように，タイヤにはスチレンブタジエンゴム（SBR），ブタジエンゴム（BR），天然ゴム（NR），ブチルゴム（IIR），イソプレンゴム（IR）が使われている[27]．例えば，地面と接触するトレッドには乗用車用タイヤではSBRが，乗用車用タイヤよりも大きなひずみのかかるトラック・バス用タイヤでは耐久性に優れるNRが使われ，タイヤの最

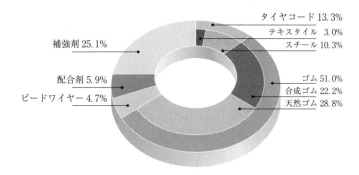

図5.11 タイヤ原材料重量構造比[26]

表5.3 タイヤ部材に使われるゴムの種類[27]

タイヤ部材	タイヤ性能	乗用車用	トラック・バス用
トレッド	摩耗，転がり抵抗，制動性，操縦安定性	SBR（スチレンブタジエンゴム） BR（ブタジエンゴム）	NR（天然ゴム） SBR BR
ベルト	耐久性，剛性	NR IR（イソプレンゴム）	
サイド	耐屈曲性，耐オゾン性	NR BR	
インナーライナー	耐ガス透過性	IIR（ブチルゴム）	

5.4 ニューマチックタイヤの材料設計

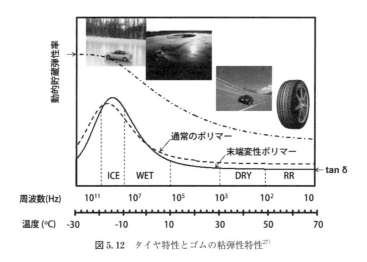

図 5.12 タイヤ特性とゴムの粘弾性特性[27]

内側のインナーライナーでは空気が透過しにくい IIR が使われている.

地面と接するトレッドの材料設計は摩耗,転がり抵抗,制動性能,操縦安定性など,多くの性能に関係しているので最も重要である.トレッドゴムは,図5.12に示すタイヤ特性とゴムの粘弾性特性 ($\tan\delta$) に関する経験則に基づいて設計されている.図中の ICE, WET, DRY は氷上,ウェット,乾燥路面上での制動性能,RR (rolling resistance) は転がり抵抗に対応する $\tan\delta$ の温度領域を示す.タイヤの転がり抵抗はタイヤが1回転に一度受けるゴムの変形に関係しているので,転がり抵抗に関係するゴムへの入力周波数は速度によって異なり $10\sim10^2$ Hz 程度である.一方,制動性能はゴムが路面の凹凸に追従した細かな変形を受けて発生するヒステリシスロスに関係しているので,制動性能に関係するゴムへの入力周波数は,転がり抵抗よりはるかに大きい $10^4\sim10^6$ Hz 程度と考えられる.

ゴムは通常 10 Hz の周波数で粘弾性特性が評価されている.回転しているタイヤの温度・周波数は $50\sim60℃$・$10\sim10^2$ Hz であるので,転がり抵抗は $50\sim60℃$・10 Hz の $\tan\delta$ を代表値として用いることができる.転がり抵抗にはタイヤの温度が関係していたのに対し,制動時には路面温度が関係しているので,WET 路面での制動時のトレッドゴムの温度・周波数は $30℃$・$10^4\sim10^6$ Hz となる.粘弾性物質によく用いられる時間-温度換算則 (Williams-Landel-Ferry:WLF 式) を用いると $30℃$・10^4 Hz は $0℃$・10 Hz に換算される.ゆえに,WET 路面での

制動性能は0℃付近のtanδを代表値として用いることができる．また，ICE，DRY路面での制動性能の評価温度がWET路面と異なるのは，路面温度の違いによる．例えば，タイヤのWET路面での制動性能を向上すると同時に転がり抵抗を下げたい場合には，0℃付近でのtanδを上げて，50～60℃付近のtanδを下げればよいことになる．Takinoら[29～31]は英国式振り子試験機を用いて計測したWET路面の摩擦係数が，7℃・10Hzのtanδとゴムと路面の結合力（振り子試験時のゴムの摩耗）によって表されることを示した．

また，Futamura[32]は，tanδとゴムの剛性を同時に考慮した転がり抵抗，制動距離に関する次式を提案した．

$$転がり抵抗，制動距離 = D\frac{E''}{(E^*)^n} + F \tag{5.1}$$

ここで，D，F，nは複数のコンパウンドに関するタイヤの転がり抵抗，制動試験結果をカーブフィットして定められる定数で，nは変形指標（deformation index）と呼ばれる．E''，E^*はそれぞれ損失弾性率，複素弾性率である．式(5.1)の物理的意味は，nがゼロはひずみが一定の変形，nが1はエネルギーが一定の変形，nが2は応力が一定の変形に関するエネルギーロスである．転がり抵抗とDRY路面での制動性能は50℃，WET路面での制動性能は0℃で計測した5種類のゴム物性データと式(5.1)による予測値との相関係数が最も大きくなるnの値を求めた．転がり抵抗ではnの値が0.5～1.1でほぼエネルギーが一定の変形，DRY路面での制動性能ではnの値が1.8でほぼ応力が一定の変形，WET路面での制動性能ではnの値が0でひずみが一定の変形，のエネルギーロスにそれぞれ関係している[32,33]．

ゴムの粘弾性特性を支配するゴムの変形によるエネルギー損失は，次の3つの要因が考えられる．①ポリマーに配合された充てん剤粒子の配列変化により生じる損失（ペイン効果 Payne effect），②ポリマーの自由末端鎖の熱運動による損失，③ポリマー鎖中のセグメントどうしの摩擦による損失．転がり抵抗に関係する50～60℃付近のtanδはゴムの領域に入ることから，①および②の寄与が大きいと考えられているので，以下に①および②に関連した材料設計技術について詳しく述べる．

5.4.2 ポリマーのブレンドと末端変性ポリマーによる粘弾性のコントロール

転がり抵抗に関連した50〜60℃付近のtanδを低下させるには，ガラス転移温度T_gの低いポリマーを用いればよい．乗用車用タイヤで最も多く使われているSBRのT_gを下げるには，スチレン含量もしくは1-2ブタジエン結合（ビニル）の含量を少なくすればよい．しかし，T_gを低下させたポリマーは図5.12に示す粘弾性特性の形を保ったまま，それを低温側（左側）に平行移動させるだけなので，RRに関連した50〜60℃付近のtanδを小さくするとWETに関連した0℃付近でのtanδも同時に小さくなってしまう．そこで，0℃付近でのtanδを上げて，50〜60℃付近のtanδを下げるために，ブレンドするポリマーを適切に選択する必要がある．図5.13はT_gおよび相溶性の異なるポリマーをブレンドしたときのtanδである．互いに相溶性のあるT_gの異なるポリマーをブレンドすると，2つのポリマーの平均的なtanδを示すのに対し，互いに相溶性のない非相溶ブレンドでは，高温域では高T_gポリマーの性質を示し，低温域では低T_gポリマーの性質を示す．このように，非相溶ブレンドによって2つの温度域でtanδをコントロールすることが可能になる．

充てん剤との相互作用を用いてtanδをコントロールする技術として，末端変性ポリマーとシリカの技術が挙げられる．末端変性ポリマーはポリマーの分子構造設計の自由度の高い溶液重合によって1980年代に開発され，溶液重合SBR（solution SBR：S-SBR）がその代表として挙げられる．S-SBRはそれまでの乳

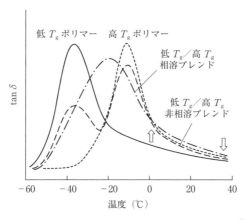

図5.13 ポリマーブレンドによるゴムの損失正接への影響[34]

化重合 SBR（emulsion SBR：E-SBR）に比べ，①分子量の低いポリマーが生成されない，②ポリマー分子末端を化学修飾（末端変性）できる，という性質をもつ．第1の性質によって，分子末端の数が少なくなり，分子末端で生じるエネルギーロスが少なくなる．第2の性質によって，分子末端に化学修飾した官能基とカーボンブラックが結合するため，カーボンブラックの凝集力を弱め，分散を改良できる．その結果，動的弾性率の絶対値がひずみ振幅の増大とともに低下するペイン効果に関連した損失と自由末端鎖の熱運動に関連した損失が抑えられ，図5.12に実線で示す末端変性ポリマーは点線で示す通常のポリマーに比べ，転がり抵抗とWET路面での制動性能を両立するtan δ の温度依存性を実現できている．

5.4.3　シリカ充てんタイヤ

1990年代に入るとタイヤトレッドゴムに5.1.3項で述べたシリカを配合したタイヤが登場した．単にシリカを配合するだけでは，親水性のシリカは疎水性のポリマーへの分散は難しいので，粒子どうしが凝集しやすく，分散が不均一となりヒステリシスが増大してしまう．そこで，シランカップリング剤を用いて，混練段階でシリカ表面にシランカップリング剤が結合し疎水化して分散を助け，加硫段階でシランカップリング剤がポリマーと化学結合する手法が開発され，シリカの分散性と補強効果が向上した．その結果，シリカをタイヤに適用することが可能となった．

シリカによってtan δ をコントロールできるメカニズムは末端変性ポリマーを用いたCB充てんゴムと同様であるが，CBに比べシリカの方がポリマーとの相互作用が大きい．そのためカーボン配合に比べシリカ配合のtan δ はウェット路面での制動性能に関連した0℃のtan δ を保ちつつ，転がり抵抗に関連した50℃のtan δ を低減することができる．図5.14はカーボンとシリカの配合比率を変えたときの転がり抵抗とウェット路面での制動性能の評価結果である．シリカ配合はカーボン配合に比べウェット路面での制動性能が同等で，転がり抵抗は最大15%低減している．

シリカの分散と補強性をさらに改良する方法として，シリカ分散改良剤とシリカ用変性ポリマー等の開発が行われている．シリカ分散改良剤として3級アミンが提案されている．窒素原子部分でシリカ表面のシラノール基と強い相互作用を

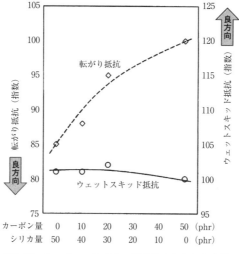

図 5.14 カーボン，シリカの配合比率と転がり抵抗，ウェットスキッド抵抗の関係[35]

有し，アルキル基部分ではゴムとの親和性を保つことによって，シリカの分散が改良される．この新しいシリカ分散改良剤によってウェット路面での制動性能が同等で，転がり抵抗をさらに 6% 低減できると報告されている[36]．シリカ用変性ポリマーとしては，アミン・アミド変性，アルコキシシラン変性，アミン・アルコキシシラン変性等がある．

このようにタイヤ業界は 1980 年代から 30 年以上もトレッドゴムの $\tan\delta$ の温度依存性の改良を続け，WET 路面での制動性能と低 RR を両立してきたが，これらの低 RR タイヤでは温度の低い冬季には温度の高い夏季に比べゴムの $\tan\delta$ が低くなりにくいため，省燃費効果が少なくなることが指摘されている[37]．そのため，$\tan\delta$ の温度依存性以外の手法で WET 路面での制動性能と低 RR を両立することが，今後の課題となっている．

5.5 タイヤの将来像

5.5.1 タイヤを取り巻く環境

地球温暖化，燃料価格の高騰に伴って，自動車メーカーでは低燃費・低 CO_2

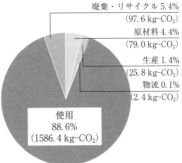

図5.15 タイヤのCO_2発生に関するLCA[36]

化を実現できるハイブリッド車（HEV）／プラグイン・ハイブリッド車（PHEV）／電気自動車（EV）／燃料電池自動車（FCV）の開発が進んでいる．内燃機関エンジン車両の燃費に対するタイヤの転がり抵抗の寄与は，各走行モードで異なり，乗用車で5～30%，トラック・バスで15～40%と見積もられている[38]．一方，HEV/PHEV/EV/FCVでは，車両でのエネルギー損失が少ないこと，エネルギー回収が容易なことによって，燃費に対するタイヤの転がり抵抗の寄与は，内燃機関エンジン車両よりも増大する．また，日本ゴム工業会がタイヤのライフサイクルを原材料，生産，物流，使用，廃棄・リサイクルの5段階に分けてLCA（life cycle assessment）を検討したところ，図5.15に示すように乗用車用タイヤ，トラック用タイヤともに使用段階でのCO_2発生比率が85%を超えていた．すなわち，タイヤにおいては原材料段階や生産段階におけるエネルギー効率化よりも，使用段階における転がり抵抗の低減が最も重要な課題である[36]．

社会環境的側面では，欧州においてタイヤの転がり抵抗・騒音・ウェット路面のブレーキ停止距離に関する規制が2012年に開始され，日本でも法規化が検討されている．米国では低空気圧で走行することによって生じるタイヤの故障，転がり抵抗の増加を抑制するため，タイヤの空気圧を監視するTPMSの車両への装着義務化が2007年に開始された．欧州では2012年，韓国では2013年に法規化が決定し，日本・中国でも法規化が検討されている．TPMSの装着が必要なランフラットタイヤの普及を後押しするかもしれない．安全面では，2006

年から一部自治体で実証実験が開始された高度道路交通システム（intelligent transport systems：ITS）インフラ（路車・歩車間通信など）が今後拡大していくとともに，安全運転支援技術の高度化・自動運転の実用化が想定される．これらの技術によって，タイヤのブレーキ特性や操縦性能にかかわらず衝突しにくい，カーブを安全に曲がれる車社会を実現できれば，タイヤのブレーキ特性，操縦性能に関する重要度が低下するかもしれない．

5.5.2 タイヤの将来と21世紀のタイヤ技術
(1) タイヤの性能と設計要素との連関表

将来のタイヤの方向を見定めるために，表5.2に示したタイヤ設計パラメータのタイヤ性能への寄与度よりもさらに詳しいタイヤの性能と設計要素との連関表を表5.4に示す[39]．タイヤ性能を安全性能（制動力，操縦性），快適性能（操縦性，乗心地），環境性能（タイヤ騒音，転がり抵抗，摩耗，重量）に分類し，4つの設計要素（形状・構造・パターン・材料）に寸度と空気圧を追加した設計パラメータとタイヤ性能の関連を示している．他の設計項目を固定して1つの設計項目を少し変化させたとき，性能が向上する場合を○，性能が低下する場合を×，性能の変化が少ない場合を―で，適値がある場合を「適値あり」で示した．

各タイヤ性能のなかで，操縦性はフィアラ（Fiala）[40]によって導かれたコーナリングスティフネス，制動力はブレーキングスティフネス[41]，転がり抵抗は

表5.4 タイヤの性能連関表

設計パラメータ			安全性能		快適性能	環境性能			
設計要素	設計項目	変化の方向	制動力	操縦性	乗り心地	タイヤ騒音	転がり抵抗	摩耗	重量
形状寸度	直径	大	○	○	―	○	○	○	×
	幅	広	○	○	―	×	○	○	×
構造	ベルト	硬	○	○	×	○	○	○	―
	サイド	硬	○	○	×	○	×	―	―
パターン	溝体積	大	○：WET ×：DRY	×	―	×	○：PS ×：TB	×	―
材料（トレッドゴム）	硬さ	硬	○	○	×	×	適値あり	○	―
	tan δ	大	○	○	―	○	×	○	―
空気圧		高	×	適値あり	×	―	適値あり	適値あり	―

○：良化，×：悪化，―：変化少ない，PS：乗用車用タイヤ，TB：トラック・バス用タイヤ．

トレッド部の圧縮とせん断に関するエネルギー損失[42]，摩耗はシャルマッハ (Schallamach) によって導かれた摩耗エネルギー[43,44]，乗り心地はタイヤが大きな突起を乗り越えるときにトレッドが突起を包み込む程度を表すエンベロープ特性[41,45]，タイヤ騒音は中島のピッチノイズの理論[22]によって評価した．

表5.4の各設計パラメータには〇や×が混在しており，多くの性能を同時に満足することがいかに難しいかが理解できる．例えば，タイヤ騒音を減らすために形状・寸法の設計項目であるタイヤ幅を狭くすると，摩耗，操縦性，転がり抵抗などが悪化する．また，タイヤ騒音を減らすためにパターンの設計項目である溝体積を小さくするとウェット路面での制動性能や乗用車用タイヤの転がり抵抗が悪化する．しかし，タイヤの直径はそれを大きくすると重量が悪化するものの，他の性能はすべて向上する特異的な設計パラメータである．

(2) タイヤの将来製品像

5.5.1項で述べたタイヤを取り巻く環境を考えると，将来の乗用車用タイヤは次の5つのカテゴリーに分かれると予想される．①低価格のニューマチックタイヤ，②ランフラット性能，グリップ性能，乗り心地性能などに特化した高価格の偏平ニューマチックタイヤ，③転がり抵抗・タイヤ騒音を大幅に改良した高内圧ダウンサイジングタイヤ，④低速小型モビリティ用エアレスタイヤ，⑤知能タイヤ (intelligent tire)，である．最初の2つのカテゴリーは，従来のタイヤの延長線上にある．

3つ目のカテゴリーの高内圧ダウンサイジングタイヤは，図5.16に示すタイヤの断面積を小さくしたニューマチックタイヤである．表5.4に示すタイヤの性能連関表を用い，タイヤの環境性能であるタイヤ騒音と転がり抵抗を大幅に改良できるタイヤ像を考えてみよう．まずタイヤの幅を狭くすることでタイヤ騒音を減少させる．しかし，単にタイヤの幅を狭くするとコントロールタイヤと同じ荷重を支えることができないので，幅狭タイヤは高内圧化との組み合わせが必須となる．そしてこの高内圧化とゴム体積の減少によって転がり抵抗が低減できる．このようにダウンサイジングタイヤによってタイヤ騒音と転がり抵抗を大幅に改良できる．しかし，接地幅の減少によって摩耗が，接地長の減少によって操縦性能，制動性能が，高い空気圧によるバネ定数の増加によって乗り心地性能が，それぞれ悪化してしまう．

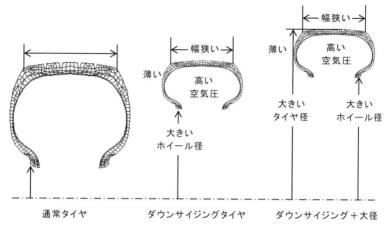

図 5.16 ダウンサイジングタイヤ[39]

　これらの悪化する性能を改良する手法の1つは図5.17に示すダウンサイジングと大径化の組み合わせである．表5.4によれば，大径化によって接地長が長くなるので操縦性能，制動性能，摩耗が改良でき，ダウンサイジングによって悪化する性能を補完することができると考えられる．桑山ら[46]は通常のタイヤ175/65R15, 空気圧 220 kPa とダウンサイジングと高内圧，大径化を組み合わせたタイヤ 155/55R19, 空気圧 320 kPa の性能を比較し，大径化によって操縦性能，制動性能が補完されることを示した．ダウンサイジングと大径化を組み合わせたタイヤは，BMWの電気自動車に標準装着されている．

　2つ目の方法は，タイヤの設計要素のみではなく，道路，車，タイヤというモビリティに関わる3要素を用いて，各要素が得意とする領域を受けもつ機能分離型のモビリティ設計である．例えば，タイヤに関してはタイヤの影響が非常に大きいタイヤ騒音と転がり抵抗をダウンサイジングタイヤによって改良し，それにより生じる課題は道路や車で解決する．例えば，制動性能は2020年までに普及すると予測されているITS（車間通信，車間距離警報装置など）によって補完し，操縦性能は横滑り防止装置（electric stability control：ESC），自動運転技術などの車両制御技術で補完する．

　2つの課題解決方法を用いれば，ダウンサイジングによって悪化する性能のうち操縦性能と制動性能を補完できる．また，乗り心地は車のサスペンションによっ

て補完することが考えられる.

4つ目のカテゴリーのエアレスタイヤに関しては,2005年,ミシュラン社が射出成型を用いて製造可能なエアレスタイヤ"Tweel"を提案した[47]. 射出成型を用いたニューマチックタイヤは1960年代にはキャスティングタイヤと呼ばれ,各社で研究されていた. Tweelに用いられた射出成型によるタイヤの製造が新しいわけではないが,エアレスタイヤとして市場に登場させた点から,大きな発明といえる. Tweelのメリットとして射出成型を用いるので製造プロセスが簡単であること以外に,パンク時の安全性,骨格材料として使われているポリウレタンが再利用できることなどがある. 一方で,転がり抵抗,スポーク型構造に起因した風切音,車軸振動の悪化などが指摘されている[48]. この技術はスチールラジアルタイヤと同様に,5.1.3項で述べた3つの変化が複合的に生じるので,これら課題を克服できればスチールラジアルタイヤと同等の大発明となろう. そして,製造設備が大幅に簡略化され新規企業の参入も容易になるので,エアレスタイヤの普及が進むと急激に価格が下がると予想される. しかし,上記課題以外に,ポリウレタンなどの新材料の劣化・クリープ,接地時のスポーク座屈によるスポークの疲労破壊,スポーク直下での接地圧の増大による偏摩耗の発生・操縦安定性の低下など,さらなる材料・構造設計に起因する課題が予想され,これらの解決には長期間を要すると思われる. ニューマチックタイヤに比べ性能が劣るエアレスタイヤは,空気圧の管理が不要でパンク時の安全性も確保できるというメリットを生かして,前述の課題が顕在化しない小型低速モビリティ市場で活用される可能性が高い. 例えば,高齢化に伴いニーズが増える高齢者や観光地用・交通渋滞の頻度の高い都市部向けのモビリティである.

5つ目のカテゴリーのタイヤの知能化技術(intelligent tire technology)は,タイヤの挙動を何らかの手段でセンシングすることによって,車両の安全性や運動性能を向上する技術である. 前述のTPMSも広い意味ではその1つで,タイヤにセンサーを貼りつけタイヤの状態を把握する技術は鉱山用タイヤではすでに実用化されている. タイヤは車と路面との唯一の接点であり,路面の状況を最も早くセンシングできる. 例えば,タイヤの内側に貼りつけたひずみゲージや加速度計などの情報によって,走行中に路面の摩擦係数が変化したこと等の路面情報を瞬時に車に伝達することができれば,安全性や操縦安定性の向上が期待できる[49].

一方で，タイヤにセンサーを貼りつける製法，センサーの耐久性，通信手段やバッテリー寿命などの課題も多い．タイヤは工業製品の中でもエレクトロニクス，情報技術（information technology：IT）などとの組み合わせが難しく，これらの技術進歩を取り入れることができなかった．タイヤの知能化技術のようにエレクトロニクス，ITとタイヤの組み合わせによって新しい価値をタイヤに付与することができれば，まったく新しいタイヤが生まれる可能性はあるだろう．さらに，マテリアルリサイクル（recycle）の観点から，全カテゴリーで摩耗したタイヤの外側のゴムのみを新しいゴムに貼り換えて使用するリトレッドタイヤが普及していくだろう．

(3) タイヤの将来技術

武谷[50]によれば科学認識には3つの段階があり，現象，実体，本質の順番で理解が進んでゆく．表5.5に示すように，現象が工業製品の部品，実体が基礎材料が発揮する機能，本質が原子・分子レベルの性質に対応すると考えられる．タイヤ性能に関する認識の3段階を2つの例で考えてみよう．第1の例は，現象がタイヤ性能，実体が5.4.1項に示したゴムの粘弾性，摩擦，摩耗などの機能，本質が原子・分子レベルの高分子物性，充てん剤の分散に相当する．第2の例は，現象がタイヤ性能，実体が5.3.1項に示したクラウン部の形状に支配されるマクロな接地圧分布，本質が原子・分子によって生じるゴム物性および路面凹凸との相互作用に支配されるミクロな接地圧分布に相当する．このように，よりミクロなレベルの研究によって本質の理解を深めることができる．

それゆえに，タイヤの各種性能に最も寄与の大きい材料技術では，表5.5に示す科学認識の最終段階に位置するミクロ・ナノ材料設計技術に各社とも注力している．これは1 nmから1 μmの間に高分子材料で重要な意味をもつ，無定形高

表5.5 科学認識の3段階

科学認識の3段階		タイヤ性能に関する認識の3段階の例	
現 象	工業製品（部品）	タイヤ性能（摩耗，操縦安定性など）	
実 体	基礎材料（機能）	ゴムの粘弾性，摩擦，摩耗など	クラウン部の形状に支配されるマクロな接地圧分布
本 質	原子・分子（性質）	ミクロなレベルでの高分子物性，充てん剤の分散など	原子・分子によって生じるゴム物性および路面凹凸との相互作用に支配されるミクロな接地圧分布

分子の構造，結晶性高分子の結晶ラメラ厚，ブロック・グラフト共重合体のミクロ相分離，相互浸潤網目（interpenetrating polymer network：IPN），ポリマーブレンドの相分離，ナノコンポジットなどが全部入っているからでもある[51]．例えば，3次元電子顕微鏡[52〜54]，X線顕微鏡[55]，原子間力顕微鏡（atomic force microscope：AFM）[56]などのナノレベルの計測技術や，ポリマーと充てん剤の相互作用に関するシミュレーション[57,58]を用い，現象を「可視化」することによって性能向上のアイディアを得ようとする研究などが活発に行われている．計測技術の例として，AFMを用いて探針をゴムに押しつけたときの力を計測するナノ力学物性マッピング手法[56]，SPrig-8での高輝度X線を用いたX線イメージング法で，ゴムとガラスの接触界面におけるミクロな接触挙動を観察し，摩擦に対するヒステリシスと凝着の寄与を推定する手法があげられる[55]．など，今後，従来のポリマーと充てん剤の相互作用に着目した技術の最適化が進み，最終的にミクロ・ナノからマクロレベルまでの階層構造を考慮した材料設計へと進化していくだろう．

　タイヤ用として重要な天然ゴムについては，南米葉枯病によって南米の天然ゴム農園が壊滅したため，天然ゴム生産の90％以上が東南アジアに偏在している資源リスクがある．さらに，東南アジアにおいても南米葉枯病以外の病害のリスクが現実的なものとなりつつある．そのため，天然ゴムの木以外の植物（ワユーレ，ロシアタンポポ等）による天然ゴムの生産，天然ゴムの遺伝子組換え技術による収率の向上など，天然ゴムの拡充・多様化技術が研究されており，今後も進展していくだろう[59〜62]．

　5.3.1項で述べたように，タイヤの形状設計技術はすでに確立しており，タイヤの構造設計も技術的な残課題は少ないので，今後，形状・構造の組み合わせを同時に考慮して最適化設計していく形状・構造統合化設計技術の開発が行われていくと思われる．また，5.1.3項で述べた全自動成型システム，5.5.2項で述べた射出成型を用いたエアレスタイヤ，エレクトロニクスやITとタイヤの融合などは，それらがもつ課題が解決できれば，タイヤ業界を大きく変化させるインパクトをもつだろう．さらに道路・車・タイヤというモビリティに関わる3要素を用いて，各要素が得意とする領域を受けもつ機能分離型のモビリティ設計の立場から，車両に関する各種性能のなかでタイヤの寄与の大きい転がり抵抗，騒音，

摩耗の研究の重要度が増すと思われる．最後になったが，交通化社会におけるゴムタイヤの大きな役割から，人類の持続的発展にとって，タイヤのリサイクルの問題は避けては通れない．ゴムタイヤは再利用（reuse，リユース）が古くから行われ，また，大型タイヤでは接地面であるトレッド部のリトレッド（retread）も長い実績がある[63]．これらリユースの点ではゴムタイヤは優等生であるが，タイヤとしてのリサイクルは自転車用タイヤなどに限られている．ニューマチックタイヤの完全なリサイクルは，ゴムにとって本質的な加硫に逆行するプロセスであって，技術的にいまだ解決への目途が立っているとはいえない[64~66]．本章で論ずることができなかった最重要課題である．

タイヤの工業的製造方法についても説明できなかった．タイヤ工場の見学は人気のあるコースだが，そのプロセスは一般には結構複雑であろう．文献[67]に図入りで簡潔な説明があるので参照されたい．

文　献

1) 日本タイヤ協会．タイヤ五千年の歴史，http://www.jatma.or.jp/tyre5000/（2015年10月6日閲覧）．
2) 渡邉徹郎（2002）．タイヤのおはなし，日本規格協会，東京．
3) E. Tompkins (1981). *The History of the Pneumatic Tyre*, Eastland Press, London.
4) J. P. Norbye (1982). *The Michelin Magic*, TAB Books Inc., Blue Ridge Summit.
5) H. R. Lottman (2003). *The Michelin Men Driving an Empire*, I. B. Tauris, Paris.
6) 馬庭孝司（1979）．自動車用タイヤの知識と特性，山海堂，東京．
7) W. J. Woehrle (1995). *Automotive Engineering*, September, 71.
8) 中島幸雄（2012）．日本ゴム協会誌，**85**, 178.
9) 中島幸雄（2013）．自動車技術，**67**, 4.
10) M. J. French (1991). *The U. S. Tire Industry : A History*, Twayne Publishers, Boston.
11) H. F. Schippel (1923). *Ind. Eng. Chem.*, **15**, 1121.
12) R. B. Day et al. (1928). Goodyear Research Report, Akron.
13) J. F. Purdy (1963). *Mathematics Underlying the Design of Pneumatic Tires*, Hiney Printing Co., Ann Arbor.
14) F. Böhm (1967). *Automobiltechnische Zeitschrift*, **69**, 255.
15) K. Yamagishi et al. (1987). *Tire Sci. Technol.*, **15**, 3.
16) H. Ogawa et al. (1990). *Tire Sci. Technol.*, **18**, 236.
17) Y. Nakajima et al. (1996). *Tire Sci. Technol.*, **15**, 184.
18) Y. Nakajima et al. (1999). *Tire Sci. Technol.*, **27**, 62.
19) S. K. Clark (1963). *Textile Res. J.*, **33**, 295.

20) Y. Nakajima (1996). *SAE Paper*, No. 960997.
21) A. Abe et al. (2004). *Optim. Eng.*, **5**, 77.
22) Y. Nakajima (2003). *J. Vibration and Acoustics*, **125**, 252.
23) E. Seta et al. (2000). *Tire Sci. Technol.*, **28**, 140.
24) Y. Nakajima (2000). *Int. J. Automotive Technol.*, **1**, 26.
25) E. Seta et al. (2003). *Tire Sci. Technol.*, **31**, 173.
26) 日本タイヤ協会 (2014). 日本のタイヤ産業, 日本タイヤ協会, 東京.
27) ブリヂストン編 (2006). 自動車用タイヤの基礎と実際, 山海堂, 東京.
28) 芥川恵造ら (2007). 日本ゴム協会誌, **80**, 394.
29) H. Takino et al. (1997). *Rubber Chem. Technol.*, **70**, 584.
30) H. Takino et al. (1998). *Tire Sci. Technol.*, **26**, 241.
31) H. Takino et al. (1998). *Tire Sci. Technol.*, **26**, 258.
32) S. Futamura (1990). *Tire Sci. Technol.*, **18**, 2.
33) H. Takino et al. (1997). *Rubber Chem. Technol.*, **70**, 15.
34) 海藤博幸ら (2001). 日本ゴム協会誌, **74**, 159.
35) 牧浦雅仁 (1998). 日本ゴム協会誌, **71**, 583.
36) 小澤洋一ら (2004). 日本ゴム協会誌, **77**, 219.
37) 鈴木央一ら (2012). 自動車技術会学術講演会前刷集, No. 20125688.
38) J. Barrand et al. (2008). *SAE Paper*, No. 2008-01-0154.
39) 中島幸雄 (2015). 騒音制御, **39**, 50.
40) E. Fiala (1954). *VDI Zeitschrift*, **96**, 973.
41) 酒井秀男 (1987). タイヤ工学, グランプリ出版, 東京.
42) T. B. Rhyne et al. (2012). *Tire Sci. Technol.*, **40**, 220.
43) A. Schallamach et al. (1960). *Wear*, **3**, 1.
44) 中島幸雄 (2015). 日本ゴム協会誌, **88**, 31.
45) S. Gong (1993). *A Study of In-plane Dynamics of Tires*, Ph. D. thesis, Delft University of Technology, Delft.
46) 桑山　勲ら (2013). 自動車技術会春季学術講演会, 講演番号 20135154.
47) http://www.michelintweel.com/ (2015 年 10 月 6 日閲覧).
48) W. Rutherford et al. (2010). *Tire Sci. Technol.*, **38**, 246.
49) H. Morinaga (2006). *Tire Technology Expo*, Cologne.
50) 武谷三男 (1968). 弁証法の諸問題, 勁草書房, 東京.
51) 西　敏夫 (2003). 日本ゴム協会誌, **76**, 358.
52) 陣内浩司 (2003). 日本ゴム協会誌, **76**, 384.
53) Y. Ikeda et al. (2004). *Macromol. Rapid Commun.*, **25**, 1186.
54) S. Kohjiya et al. (2008). *Progress in Polymer Science*, **33**, 979.
55) 網野直也 (2012). 日本ゴム協会誌, **85**, 332.
56) 藤波　想ら (2011). 日本ゴム協会誌, **84**, 171.
57) 増渕雄一 (2009). 日本ゴム協会誌, **82**, 459.
58) 冨田佳宏 (2009). 日本ゴム協会誌, **82**, 464.
59) 北条将広ら (2013). 日本ゴム協会誌, **86**, 169.
60) こうじや信三 (2015). 日本ゴム協会誌, **88**, 18 & 93.

61) Y. Ikeda et al. (2015). *Sustainable Development : Processes, Challenges and Prospects*, D. Reyes ed., Nova Science, New York, Ch. 3.
62) S. Kohjiya (2015). *Natural Rubber : From the Odyssey of the Hevea Tree to the Transportation Age*, Smithers Rapra, Shrewsbury, p. 255.
63) A. I. Isayev (2014). *Chemistry, Manufacture and Applications of Natural Rubber*, S. Kohjiya et al. eds., Woodhead/Elsevier, Cambridge, Ch. 16.
64) Y. Ikeda (2014). *Chemistry, Manufacture and Applications of Natural Rubber*, S. Kohjiya et al. eds., Woodhead/Elsevier, Cambridge, Ch. 17.
65) M. Mccoy (2015). *Chem. Eng. News*, April 20, 16.
66) Y. Hirata et al. (2014). *Chemistry, Manufacture and Applications of Natural Rubber*, S. Kohjiya et al. eds., Woodhead/Elsevier, Cambridge, Ch. 12.

6 ゴム・エラストマー科学の未来

6.1 サスティナビリティとゴム

　この地球上に在る人類の持続的発展（sustainable development）は21世紀における我々の最大の課題であり，その成果が後に続く世代に大きく影響することは明らかである．しかし，現時点に至ってもなお，「単なるスローガンにとどまっている」感がなきにしもあらずと言わざるを得ない．このような状況下において持続的発展の思想を日常的に実践することが，現代に生きる私たちにとって人生を通じた課題となっている．

　持続的発展の根底にある自然との共生の思想は古代から存在した．なぜなら，自然は人間より古く，人間は自然から生まれ，自然法則のもとにあるからだ．自然は人間に対し能動的な存在であったといえる．そして人間は，技術と科学よりも古い．しかし技術の獲得による文明化の進行に伴い，自然と人間を対置させる考えが有力となり（1.1.2項参照），技術が著しい発展をみせた中世後半には，自然は人間にとって受動的な存在となった．さらに，ルネッサンス期以後の近代科学の成立とその発展は，両者を対立させるような考え方を増長していった．啓蒙思想による科学観，すなわち，「人間は科学の力によって自然をコントロールできる」とする命題が科学者の間で一般的となり[1〜9]，特に，産業革命[10,11]に始まる技術の急速な進歩は，そのような科学・技術万能の考え方を社会全体の通念にしてしまった[12〜17]．もちろん，多くの文献はそれを礼賛しているのではなく，今後とも我々が考えなければならない課題を提起している（文献[12〜17]の少なくとも1冊の熟読が勧められる．1.3.3項も再読されたい）．

　すでに鉄道の出現によって交通化社会へと歩みつつあった人間社会は，19世

紀末に出現した自動車の出現によってそのトレンドが加速された．18世紀まで数千年の間もっぱら上層階級のものであった馬車は，19世紀半ばから民衆の乗り物として普及の途上にあった．しかし，天然ゴム製のタイヤを装着して舗装道路を走りはじめた自動車は，瞬く間に馬車を道路から駆逐してしまった．20世紀初頭からのT型フォード車（1908年に発売）に代表される自動車の爆発的ともいうべき普及が，数千年の歴史をもつ馬車を文明の表舞台から追いやってしまったのである．鉄道の進化（電車の登場）や汽船に始まる動力船の普及，また20世紀初期に発明された航空機の発展を合わせて，現代の交通化社会はグローバルなものとしていまだ進行中である．「クルマ社会」が通俗的には交通化社会とほぼ同じ意味で用いられることから理解されるように，この世界的かつ歴史的な変化をもたらした最も重要な因子は，ゴムタイヤを装着した自動車であった[18,19]．

元来，哲学用語のロジック（logic, 論理, 論理学）やロジスティック（logistic, 記号論理学）に由来する軍事用語であったロジスティックス（logistics; 兵站たん，後方にあって軍需品・食糧などの確保・補給と物資の戦線への輸送を担当）が，物資の補給・管理・運送一般を意味するようになった．さらに，現代において物資の移動を含めた総合的管理のための手法・システムなどの体系全体を意味するようになったことは，交通化社会が成熟の域に達しつつあることを示唆している．現代社会における最大の課題は交通ネットワークのためのインフラストラクチャー（道路，鉄道，空港，港湾など産業基盤）の整備であり，その重要さのゆえに「インフラ」は電力・水道水・都市ガスの供給に加えて，学校，病院，公園からガソリンスタンドなどの生活全般に関わる交通網の整備までも含むようになった[20]．度重なる災害対応の遅れが指摘されるたびに，インフラ，つまりは交通手段の早期回復がきまって叫ばれる．数ある交通手段の中で最も急がれるのはトラック・自動車のための道路網の復旧である．「すべての道はローマに通ず」といわれたローマ帝国は先見の明があった[18,19]というべきなのだろうか？ ローマ時代にはもちろん，その道路をゴムならぬ鉄製タイヤを装着した馬車が疾駆したのではあるが．

6.2 自動車と交通化ネットワーク社会

　この交通化社会において，持続的発展をどう理解し実践するか？　前節に述べたことの延長線上にいくつかの問題がある．国際連合の環境と開発に関する世界委員会（国連環境特別委員会）によれば，「sustainable development」とは以下のように定義される[21]．

　'Development that meets the needs of the present without compromising the ability of future generations to meet their own needs.'

このテーゼ（thesis）を，ある経済学者は次のように言い換えている[22]．

　'An increase in well-being today should not have as its consequences a reduction in well-being tomorrow.'

　これらの定義あるいは一般化された命題であるテーゼを具体的に理解するために，持続的発展についての相対的なインパクト因子 S_I を導入しよう[23,24]．S_I は環境への負荷を評価するパラメータで，人口 P とエネルギー消費量 E に比例すると考えられる．すなわち

$$S_I = P \times (GDP/P) \times (E/GDP) \quad (6.1)$$

ここで GDP は総生産量（general domestic product）であり，GDP/P と E/GDP はそれぞれ1人あたりの生産量と GDP あたりのエネルギー消費である．前者は生活水準に比例し，後者はエネルギー効率に逆比例すると考えられる．人類の活動によって増加を続ける炭酸ガスが環境負荷を増大させることは，いまでは広く認められている．茅の式として知られている次式で炭酸ガス濃度が導入された．

$$S_I = P \times (GDP/P) \times (E/GDP) \times (CO_2/E) \quad (6.2)$$

さらに環境への負荷をすべて考慮すると

$$S_I = [P \times (GDP/P) \times (E/GDP) \times (CO_2/E)][\sum W_i(t) A_i(E)/E] \quad (6.3)$$

が一般式となる．ここで $W_i(t)$ は時間 t における i 番目の負荷因子の重みであり，$A_i(E)$ はエネルギーを消費する i 番目の因子である．また i は1から n（負荷因子の総数）で，$\sum$ はその総和である．

　SD の議論では式（6.3）で設定される項が，エネルギー消費とどう関係するか

を考察しなければならない．また，エネルギー消費だけではなく人口や炭酸ガス濃度との関係が明確な場合には，式 (6.3) 後半に準じたそれらの項を追加しなければならない．例えば日常的に体感でき，実践可能な項目としてフードマイレージが挙げられる[25]．成熟しつつある交通化社会にあって，日常の食生活のなかで地球の反対側で収穫された食品が食卓にのぼることは，もう珍しいことではなくなった．貯蔵のきく缶詰が現地で製造されて大洋を越えて輸送船で運ばれてきたのであれば，持続的発展の観点からもそれなりの合理性がある．しかし，新鮮な果物などの生鮮食品が飛行機によって輸入され，特別仕立てのトラックで即日市場に届けられる（それは今や珍しいことではない）のはどうだろうか？　この疑問から出発してフードマイレージの考察から，地元産の食材を地元で消費する「地産地消」運動が各地で展開されるようになった．このような運動が食品にとどまらずさらに広がりをみせていけば，経済面から持続的発展への追い風になるものと期待される．

　交通化社会，特にクルマ社会のメリットとデメリットの激しい攻防と表現される状況は世界的なもので，クルマ社会がこのままの勢いで進行してこの地球は本当に大丈夫なのか，ということは，世界の人々が考えるべき課題である．石油資源を燃料とする自動車の側でもこの問題は無視されてきたのではなく，例えばハイブリッド車の開発と改良が進んで世界的に普及しつつあるし，電気自動車開発のピッチも上がって広範な実用車の普及まであと数歩と予想される．しかし，鉄道とは異なるクルマの問題点の1つは，バスやトラックなど大量輸送用車以上に，個人レベルの乗用車のシェアが高いことである．実用面での乗用車の有益性とその「便利さ」は他に変えがたく，しかも社会的にはステイタスシンボルでもあって，消費者の側からの乗用車への需要の増加傾向の鈍化はまだまだ先のことにみえる．生産者にとっても乗用車の拡大は先進国と発展途上国の経済発展の要であって，ともすれば環境面での問題に優先して生産拡大が急がれている．世界的な規模での何らかの自動車，特に乗用車台数を規制することの必要性が徐々に認識されてはいるが，地球温暖化などの進行に比べて「遅すぎるのではないか？」との懸念は否定できない[18～20,26]．

6.3 「交通化社会」を超える次世代のゴム・エラストマー科学は？

　現代が交通化社会であることは大方の認めるところであるが，一方で，いや今や「情報化社会」に移り変わっているとの主張も勢いを増しつつある．交通機関を利用せずともスマホで片が付いてしまうではないか，というのがその根拠かもしれない．しかしそこでは，「スマホで片付くことはそれで済ませばよい」という単純な事実が，過大評価されている．人間にとって，人類にとって，そして我らの未来にとって重要な案件がスマホで片付けられるだろうか？　いくら「情報」だけが世界をかけめぐっても，人と物の世界的移動を伴わずには，問題の一件落着どころか，多くの場合解決への歩みをスタートすらできないのが現実であろう．このトレンドは控え目にみても今世紀いっぱいは続き，本格的な情報化社会は次世紀のもので，そのイメージは今後次第に明らかになってゆくだろう．なぜなら，産業革命は人間の筋力による肉体労働の一部を機械によっておきかえるものであったが，情報化は人間の知的活動の一部を（ハードだけでなくソフトウェアを含めた）機械によっておきかえるプロセスだからである．

　人類の持続的発展の道筋を考えるうえで，交通化社会の在り方が次の社会の在り方に大きく影響すること，これは歴史が明確に指し示す命題であり，さしあたり我々は今世紀におけるゴム科学の役割を考えなければならない．この問題にかかわって，2つの特殊性に着目した議論がすでに展開されている[18,19]．すなわち，馬車がそれほどには普及しなかったアジアにおける交通事情の特殊性と，数ある交通手段のなかでも生活空間に密着している自動車の特殊性である．ゴム科学の立場と役割を考えた場合には，後者の問題に的を絞るべきであろう．

　自動車は，航空機，船舶，鉄道と異なり地上の道路を走る交通機関で，高速道路のような専用路を除いて，生活空間内の道路を移動するのが一般的である．ゴム製のニューマチックタイヤは生活空間での走行の安全性，快適性を飛躍的に高めた画期的な発明であった(2.4.2項および第5章参照)．しかしながら，歩行者（人間）と自動車との，重量と移動速度の圧倒的な差は，高機能をもつ画期的な発明であるゴムタイヤをもってしても，自動車事故の必然性を十分に抑制するには足りない現実がある[27〜30]．また，乗用車の運転に着目すると，航空機や電車と異なっ

て運転者がプロフェッショナルではない点も大きな問題かもしれない．歩行者よりも運転者に焦点を当てた心理学からのアプローチが目立つのも，これが理由であろう[30,31]．1980年代から続く人工知能（artificial intelligence：AI）の研究成果によって，全自動運転車のような自動化，機械化に関連する技術開発が盛んであり，自動車業界では2020年代に市街地での自動運転が目標となっているようである．しかし，高速道路上での有効性はみとめられても，一般道路での歩行者との共存の点では先は長い．現時点の技術では，基本的に運転者の保護には役立つであろうが，歩行者の安全にもっと比重をおいた技術の開発が優先されるべきであろう．AIが中核となる技術という点では，「自動車」の名にふさわしい自動運転車のソフトウェア開発は，次世紀と述べた情報化時代への移行を加速する結果となる可能性があるかもしれない．この点からも，歩行者の安全を最優先させる原則を貫いて，技術開発が進んでいくことが大切である．タイヤ技術そのものの成熟を考えると，この観点からのゴムの側からの寄与は決して容易ではないが，問題の深刻さと緊急性に鑑み，ゴムの科学と技術からもさらなる挑戦が必要である．

前節の最後に述べた地球温暖化につながる内燃機関からの排出ガス規制も緊急かつ深刻な問題である．1990年代に現れたハイブリッドカーの普及が進み[18]，遅れていたかにみえる電気自動車の実用化もそろそろ現実的な期待が表明される段階になってきた[19]．その本命と目されてきたリチウムイオン電池（3.3.3項参照）の改良も遅ればせながら進んでいる[32,33]．しかしながら，これら技術の生命線といえる2次電池充電のためのインフラ整備がいまだ不十分であり，この整備も急ぐ必要がある．長期的には排出ガス問題に加えて，石油資源の枯渇対策もあり，待ったなしに追い込まれないよう国際的な合意とその実行を見守る必要があろう．ゴムについていえば，電気自動車であっても，また将来の「燃料電池車」（これは「電池」ではなく，内燃機関の変種というべきものであるが）についても，現在のゴム技術あるいはその延長線上の技術でもって対応が可能と推定されている．むしろ原材料，特に天然ゴムの十分な供給が可能かどうか（4.4.2項参照）の方が問題かもしれない[24,34]．

以上のように，持続的発展の観点から技術面で多くの問題点が指摘されている．しかし，ゴム関連の技術に限っていえば，基本的に現在の技術力の進展で対応が

可能であろうと述べた．したがってゴムの立場からは，当面ではなくもっと長期的な視野から，22世紀に向かっての「ゴム科学の課題」に応えなければならない．「幸いなことに」，当面のゴム技術的課題については現在の技術力で対応が可能であるからこそ，将来への課題の設定とその課題に向けての準備がゴム科学に課せられた宿題である．ゴム科学の現状に関連して本書では，象徴的な3点を解説した．

第1に，1970年代のゴムの加硫技術パラダイムの確立（2.3節参照）後すでに半世紀が経過して，新しいパラダイムを展望すべきかもしれないこと（4.3節参照），第2に機械工学的観点から，ゴムタイヤが技術的には一定の成熟段階にあること（第5章）から，21世紀には工学的なデザインの点でのブレイクスルーが求められていること，第3に，天然ゴム資源のパラゴムノキへの依存性があまりにも高いことが，将来的には大きなリスクを抱え込みかねないということ（4.4.2項および文献[24,34]参照）にどう対処するか，の3点である．

これら3点について考えると，次世紀を見据えて我々と次世代は「不幸なことに」というべきであろうか，危機の時代にはない，困難で奥深い課題に直面しているのかもしれない（危機の時代には課題は半強制的に課せられるから，困難な事態ではあるが奥深い考察が必須ではない．危機に直面すれば，考え過ぎるよりもまず行動が要請されるからだ）．幸いなことに第1の加硫反応については最初の矢がすでに放たれた[35~37]．この矢がブレイクスルーにつながっていくならば，21世紀中に新しい加硫技術パラダイムへの転換が現実味を帯びてくる可能性もある（図4.17参照）．日本のゴム関係者の実力が試されるに違いない．第2点については5.5.2項に議論されている．タイヤ技術の成熟ぶりから考えて，さらに先を見据えて従来とはまったく異なった要素技術の着想が求められるかもしれない[24]．第3点はまだ直面する課題ではない，とする雰囲気が日本では強い．しかし，資源としてのNRの重要性から考えて，石油資源の枯渇とも絡んで遅かれ早かれ対策を迫られる課題である．アメリカ，ヨーロッパではすでに深刻な問題として認識されており[34,38]，日本がかなり出遅れた状態となっているのが大きな問題であろう[24,39]．このままでは，近い将来に可能性がある国際的な共同プロジェクトによるパラゴムノキ以外のゴム資源探索への日本の参加は遅れるのかもしれない．早急に，科学と技術の両面で，何らかの動きを作り出す必要がある．

6.3 「交通化社会」を超える次世代のゴム・エラストマー科学は？   191

　本書はゴムへの現代科学的アプローチの試みであって，多くの技術的課題にすぐさま解答を与えるものではない．しかし，この21世紀にゴム科学の「現代化」がなければ，交通化社会から情報化社会へと動いているなかで，多くの問題解決が先延ばしになってしまう危険性は，おそらく誰も否定できない．人類の歴史は技術の継承だけではなしに，一定の成熟期あるいは安定期の後，その革新によって進展してきたことを明確に示唆している．ゴムの科学と技術のさらなる現代的アプローチが続くことを願って，本章を閉じる．

● ● ●　　　　　　　　　　　　　　　　　　　　　　　　**コラム5　ノーベル賞の功罪**

　科学が毎年10月はじめにマスコミ関係者を引きつけるのは，いうまでもなくノーベル賞の受賞者発表があるからである．受賞者が出た国では，科学が「国民的」話題となって新聞のトップ記事となる．「ノーベル賞の受賞者が本当に科学の進歩に最大の貢献をした科学者なのか？」ともし疑問をはさんだら，国民のほとんどは戸惑うに違いない．それは科学者が一番よくわかっているはずのことだからである．

　英国と米国の物理関係学会が「20世紀の物理学」について調査・検討した結果がレポートされ，特に貢献の大きかった物理学者63人が選定されて分野名とともにリストされている[1]．一方，1901年から1990年のノーベル物理学賞受賞者は140人（原文：2回受賞者1名を2名として計算）である．さきの63人のなかで，ノーベル賞の受賞者は物理学賞29人，化学賞が8人の計37人だから，ノーベル賞学者の割合は58.7％（＝37/63）であった．20世紀の物理学の進歩に最大の貢献を成した学者のうち，ノーベル賞学者は6割未満ということになる．これは「予想より低い」の感想とともに，期待どおりの高率だと解釈できるかもしれない．しかし103（＝140－37）人と，ノーベル物理学賞受賞者の過半数（73.6％）が最大貢献者に入っていないのはどうだろうか？　20世紀の90年間に物理学者であったが受賞しなかった人は全世界で100万人程度だった（？）と仮定すると，100万人の中から選ばれたのは26人（63人中）に過ぎないのと比較して，58.7％はやっぱり圧倒的な高率だ，と納得できるだろうか？

　物理学以外の分野でこうした組織的な調査はまだ発表されていないようだが，化学でも，あるいは医学・生理学でも同様の傾向があってもおかしくはないだろう．科学者自身が，賞をとることを目標にするのはけっして健全とは思えないし，

賞の前に科学の進歩への貢献をこそ目指すべきことはいうまでもない．上記の調査結果から教訓とすべきことは，ノーベル賞の対象にならなくとも先導的な優れた研究，見習うべき研究がたくさんあるということであろうか．また，科学史の立場からは，ノーベル賞受賞者の業績（上記物理学賞ではその過半数が最大貢献者に含まれていない）を連ねても科学の歴史としては不十分なものでしかない，といえるだろう．どこの世界でも，サクセスストーリー（科学史家はこれを進歩史観あるいはホイッグ史観と呼ぶ）ではいくら口当たりが良くとも，ほんとうの教訓や思慮深く生産的な議論にはなりがたく，したがって科学史書にはならないのだ．

2.4.3項に一部述べたように，ポリマー関係での最初のノーベル賞受賞者スタウディンガーは，高分子説を証明するためにゴムの化学反応を研究した．2番目の受賞者であるチーグラーは新しい合成ゴムであるエチレン-プロピレンゴム（EPM, EPDM）への道を開拓した．そして3番目の受賞者フローリーはゴム弾性論を通じて高分子科学確立の立役者であった．いずれの場合にも，ポリマーの世界ではゴムの科学が重要な役割を果たしてきたといえる．交通化社会が情報化社会に道を譲る前に，正面切ってゴム・エラストマーの科学で受賞者が現れてもおかしくはない．そんな「カオス」的状況が，ゴム分野を含めた科学の世界全体に充満する可能性は大いにある．21世紀はエントロピーの世紀なのだから．

[鞠谷信三]

文　　献

1) F. ダンネマン著，安田徳太郎ら訳 (1941). 大自然科学史，三省堂，東京．[1章文献[9)]の註を参照．]
2) 近藤洋逸ら (1959). 科学思想史，青木書店，東京．
3) S. F. メイスン著，矢島祐利訳 (1960). 科学の歴史，岩波書店，東京．
4) F. ボルケナウ著，水田　洋ら訳 (1965). 封建的世界像から市民的世界像へ，みすず書房，東京．
5) J. D. バナール著，鎮目恭夫訳 (1966). 歴史における科学，みすず書房，東京．
6) C. シンガー著，伊東俊太郎ら訳 (1968). 科学思想のあゆみ，岩波書店，東京．
7) C. F. ヴァイツェッカー著，西川富雄訳 (1968). 自然の歴史，法律文化社，京都．
8) W. H. G. アーミティジ著，鎌谷親善ら訳 (1970). 技術の社会史，みすず書房，東京．
9) M. K. Matossian (1997). *Shaping World History : Breakthroughs in Ecology, Technology, Science, and Politics*, M. E. Shape, Armonk.
10) E. J. ホブズボーム著，安川悦子ら訳 (1968). 市民革命と産業革命：二重革命の時代，岩波

書店,東京.
11) T. S. アシュトン著,中川敬一郎訳（1973）.産業革命,岩波書店,東京.
12) L. マンフォード著,久野 収訳（1978）.人間―過去・現在・未来,岩波書店,東京.
13) L. Turner et al. eds. (1990). *The Earth as Transformed by Human Action: Global and Regional Changes in the Biosphere over the Past 300 years*, Cambridge Univ. Press, Cambridge.
14) A. W. クロスビー著,佐々木昭夫訳（1998）.ヨーロッパ帝国主義の謎：エコロジーから見た10～20世紀,岩波書店,東京．［この訳書のタイトルは「謎」である．文献12～17は似た主題を扱っている．1冊だけ選ぶとすれば一番古い12を推す．英語の学習も兼ねてなら13,16と17で,3書ともに興味深い着想のもとに執筆されている．］
15) D. アーノルド著,飯島昇蔵ら訳（1999）.環境と人間の歴史：自然,文化,ヨーロッパの世界的拡張,新評論,東京.
16) A. Weissman (2007). *The World without Us*, Thomas Dunne Books, New York.
17) R. D. Kaplan (2012). *The Revenge of Geography: What the Map Tells Us about Coming Conflicts and the Battle against Fate*, Random House, New York.
18) こうじや信三（2013）.天然ゴムの歴史,京都大学学術出版会,京都.
19) S. Kohjiya (2015). *Natural Rubber: From the Odyssey of the Hevea Tree to the Age of Transportation*, Smithers Rapra, Shrewsbury.
20) T. Jouenne (2009). *Sustainable Solutions for Modern Economics*, R. Hoefer ed., RSC Publishing, Cambridge, Ch. 4.
21) World Commission on Environment and Development (1987). *Our Common Future*, Oxford Univ. Press, Oxford.
22) E. B. Barbier (2005), *Natural Resources and Economic Development*, Cambridge Univ. Press, Cambridge.
23) J. W. Tester et al. (2005). *Sustainable Energy: Choosing among Options*, MIT Press, Cambridge, MA.
24) こうじや信三（2015）.日本ゴム協会誌, **88**, 18 & 93.
25) E. Millstone et al. eds. (2003). *The Atlas of Food: Who Eats, Where, and Why*, Myriad Edition, Brighton.
26) E. Dinjus et al. (2009). *Sustainable Solutions for Modern Economics*, R. Hoefer ed., RSC Publishing, Cambridge, Ch. 8.
27) 平井都士夫（1971）.都市と交通―クルマ社会への挑戦,新日本出版社,東京.
28) 宇沢弘文（1974）.自動車の社会的費用,岩波書店,東京.
29) 杉田 聡ら（1998）.クルマ社会と子どもたち,岩波書店,東京.
30) G. Underwood ed. (2005). *Traffic and Transport Psychology: Theory and Application*, Elsevier, Amsterdam.
31) D. Shinar (2007). *Traffic Safety and Human Behavior*, Emerald Group, Bingley.
32) S. Kohjiya et al. (2001). *Recent Research Developments in Electrochemistry*, **4**, 99.
33) T. Minami et al. eds. (2005). *Solid State Ionics for Batteries*, Springer, Tokyo.
34) Y. Ikeda et al. (2015). In *Sustainable Development: Processes, Challenges and Prospects*, D. Reyes ed., Nova Science, New York, Ch. 3.
35) Y. Ikeda et al. (2015). *Macromolecules*, **48**, 462.

36) 池田裕子ら (2015). 化学, **70**, No. 6, 19.
37) 池田裕子 (2015). 化学経済, No. 12, 65.
38) A. H. Tullo (2015). *Chem. & Eng. News*, April 20, 18.
39) 日本ゴム協会員 (2015). 日本ゴム協会誌, **88**, 342.

〈コラム〉
1) 米・英物理関係学会編, 20世紀の物理学編集委員会訳 (1999). 20世紀の物理学, 丸善出版, 東京.

あとがき：さらなる学習とゴム・エラストマー研究への手引き

　本書をスタート台としてゴム・エラストマーの科学をさらに学習し，技術者あるいは研究者への道を歩まれる方々のために，簡単なガイドとしてゴム関係書の紹介を行ってまとめに代えさせていただきたい．なお，本文の執筆は2015年秋には完了していた関係で，関連する分野のより現代的なアプローチにあたっては，2015年以降の論文・単行本にも注意をはらっていただくようお願いする．

　(A)「伝統的技術」の側面を今も保有するゴムを対象として，本書は「現代的」アプローチを意図した．その意図がどの程度果されているかは，読者の判断に待つほかはない．ただ，既存のゴム関係書をまったく無視しての前進には困難な分野や局面があることは認めなければならない．本書を通読するにあたって併読，あるいは随時参照がすすめられる3書を挙げる．
　1. 日本ゴム協会編（2002）．新版ゴム技術の基礎，改訂版，日本ゴム協会．
　2. 奥山通夫，粕谷信三，西　敏夫，山口幸一編（2000）．ゴムの事典，朝倉書店．
　3. 日本ゴム協会編（1994）．ゴム工業便覧，第4版，日本ゴム協会．

　(B) 本書では，高分子化学概論の履修済を想定しているので，高分子について入門が必要であれば4，さらに大学院レベルへの橋渡しとしては5が勧められる．
　4. 蒲池幹治（2006）．改訂高分子化学入門，エヌ・ティ・エス．
　5. 高分子学会編（2006）．基礎高分子科学，東京化学同人．

　(C) また，本書ではゴムの「現代的」学習のために，内容面では中級レベルにつなげることを強く意識したが，勧められる中・上級テキスト（advanced textbook）は，残念なことに和書には見当たらない．英文のゴム科学全体をカバーする大学院レベルのテキストとして，
　6. J. E. Mark, B. Erman, M. Roland, eds. (2013). *The Science and Technology of Rubber*, 4th ed., Academic Press, New York.

がある．しかし，800頁のこの書は20世紀のゴム科学とゴム技術の集大成というべき書である．また，ゴムの技術面をカバーする中級テキストとして，

7. M. Morton ed. (1995). *Rubber Technology*, 3rd. ed., Chapman & Hall, London.
8. B. Rodgers, ed. (2004). *Rubber Compounding: Chemistry and Applications*, Marcel Dekker, New York.

(D) 学習中，そして研究生活に入って分野を限って学習する必要があるときのゴム関係の専門書を紹介する．まず，ゴム・エラストマーの実験・測定法などに際して参照すべきは，

9. 日本ゴム協会編（2006）．ゴム試験法，第3版，丸善．

天然ゴムの専門書としては，次の4書が挙げられる．

10. L. Bateman, ed. (1963). *The Chemistry and Physics of Rubber-Like Substances*, MacLaren & Sons, London.
11. A. D. Roberts, ed. (1988). *Natural Rubber Science and Technology*, Oxford University Press, Oxford.
12. C. C. Webster, W. J. Baulkwill, eds. (1989). *Rubber*, Longman, New York.
13. S. Kohjiya, Y. Ikeda, eds. (2014). *Chemistry, Manufacture and Applications of Natural Rubber*, Woodhead/Elsevier, Cambridge.

いずれも発行時点までの研究成果のまとめの英文書である．

天然ゴムに関連して，生化学関係の教科書として，

14. 太田博道，古山種俊，佐上　博，平田敏文（2005）．生命化学，朝倉書店．

合成ゴム全般については（古いが），

15. J. P. Kennedy, E. G. M. Tornqvist, eds. (1968). "*Polymer Chemistry of Synthetic Elastomers*", in two volumes, Interscience, New York.

熱可塑性エラストマーについては，

16. G. Holden, N. R. Legge, R. Quirk, H. E. Schroeder, eds. (1996). *Thermoplastic Elastomers*, 2nd ed., Hanser, Munich.

ゴム弾性論およびゴムの力学については，

17. P. J. Flory (1953). *Principles of Polymer Chemistry*, Cornell University Press, Ithaca.
18. L. R. G. Treloar (1975). *The Physics of Rubber Elasticity*, 3rd ed., Clarendon Press, Oxford.

19. B. Erman, J. E. Mark (1997). *Structures and Properties of Rubberlike Networks*, Oxford University Press, Oxford.

20. G. Saccomadi, R. W. Ogden, eds. (2004). *Mechanics and Thermomechanics of Rubberlike Solids*, Springer, Wien.

ゴム用フィラーについては古典となった次書が今も欠かせない．

21. G. Kraus, ed. (1965). *Reinforcement of Elastomers*, Interscience, New York.

本書では，ゴム・エラストマーの粘弾性と加工性評価に重要なレオロジーについてまとまった一章を提供することができなかった．

22. 日本レオロジー学会編 (2014)．新講座・レオロジー，日本レオロジー学会．

23. C. M. Roland (2011). *Viscoelastic Behavior of Rubbery Materials*, Oxford University Press, Oxford.

また，ゴム関連でタイヤ力学やコンピュータシミュレーションなどの計算技法については

24. ブリヂストン編 (2008)．自動車用タイヤの基礎と実際，東京電機大学出版局．

25. R. M. Jones (1999). *Mechanics of Composite Materials*, 2nd ed., Taylor & Francis, Philadelphia.

26. 久田俊明，野口裕久 (1995)．非線形有限要素法の基礎と応用，丸善．

27. T. Belytschko, K. W. Liu, B. Moran (2000). *Nonlinear Finite Elements for Continua and Structures*, John Wiley & Sons, New York.

(**E**) ゴム科学の研究にいくつかの関連科学分野の学習は必要であり，また有益である．高分子物理学の最近の話題は，

28. 土井正男 (2010)．ソフトマター物理学入門，岩波書店．

29. 田中文彦 (2013)．高分子系のソフトマター物理学，培風館．

統計（熱）力学の学習は，ゴムの多彩な挙動を理解・解釈するために欠かせない．

30. ラシブルック著，久保昌二・木下達彦訳 (1955)．統計力学：理論と応用へのてびき，白水社．

31. 原島 鮮 (1981)．熱力学・統計力学，改訂版，培風館．

32. 市村 浩 (1981)．熱学，朝倉書店．

しかし，ゴムの複雑な挙動の説明には，「非可逆過程の熱力学」による考察がおそらく避けられない．この方向での努力が，他分野の研究者との共同によってもっと追究されるべきである．その第一歩は，異論もあろうがとりあえずプリゴ

ジンの学習しかない．

33. イリヤ・プリゴジン著，小出正一郎・安孫子誠也訳（1984）．存在から発展へ－物理科学における時間と多様性，みすず書房．

直接 33 に取り組むべきだが，共著者の一人（SK）は噛みしめるように読み始めて数回，毎回のように前歯を折ってまだ読了できていない．

(F)「21 世紀はエントロピーの時代」と述べたエントロピーについては，かなり多数の書が日本でも海外でも出版されている．熱力学と統計力学の初歩的な理解の上に

34. P. W. アトキンス著，米沢富美子・森　弘之訳（1992）．エントロピーと秩序：熱力学第二法則への招待，日経サイエンス社．

エントロピーに特に執着しないのであれば，34 でエントロピーをいったん卒業するのがおすすめである．しかし，さらに強い興味をもたれるならば

35. シュレディンガー著，岡　小天・鎮目恭夫訳（1951）．生命とは何か，岩波新書，岩波書店．

この書は生物物理学への流れを先導した．しかし，シュレディンガーが本書で提唱した「負のエントロピー」は，C. E. Shannon が用いた「情報エントロピー」とも重なるところがあって，一部では悪名高い概念とされる．

36. 小野　周，河宮信郎，玉野井芳郎，槌田　敦，室田　武編（1985）．エントロピー，朝倉書店．

37. 小野　周，槌田　敦，室田　武，八木江里編（1990）．熱力学第二法則の展開，朝倉書店．

を経て，最近の内外の書に立ち向かうことになる．「強い興味をもつこと」を勧めているわけではない．エントロピーについての議論はクラウジウスによるテーゼ「宇宙の熱死」（第二法則によるエントロピー増大の行き着く先は宇宙の熱的「死」である！）に始まり，長く混沌状態（カオス）が続いている．もし，エントロピーへの興味が，ゴム科学を含む物理科学・材料科学の研究に「役立てたい」であれば，ブリルアン散乱で著名な科学者による

38. L. ブリルアン著，佐藤　洋訳（1969）．科学と情報理論，みすず書房．

が今も読まれるべき書であろう．

付表 市販ゴム材料一覧 (原料ゴム以外は架橋体についてのデータ)

ゴムの種類		天然ゴム	イソプレンゴム	スチレンブタジエンゴム
略号(ASTMによる)		NR	IR	SBR
原料ゴム	比重	0.91〜0.93	0.92〜0.93	0.92〜0.97
	ムーニー粘度 ML_{1+4} (100℃)	45〜150	55〜90	30〜70
	溶解度指数 SP	7.9〜8.4	7.9〜8.4	8.1〜8.7
物理的性能	引張強さ [MPa]	3〜35	3〜30	2.5〜30
	伸び [%]	100〜1000	100〜1000	100〜800
	硬さ JIS:A	10〜100	20〜100	30〜100
	反発弾性	A	A	B
	引裂強さ	A	B	C
	圧縮永久ひずみ	A	A	B
	耐屈曲き裂性	A	A	B
	耐摩耗性	A	A	A
	耐老化性	B	B	B
	耐オゾン性	D	D	D
	耐光性	B	B	B
	耐炎性	D	D	D
	気体保持性	B	B	C
	耐放射線性	C	C	B
	電気絶縁性 [$\Omega\cdot cm$]	10^{10}〜10^{14}	10^{10}〜10^{15}	10^{10}〜10^{15}
	高温使用限界 [℃]	120	120	120
	低温使用限界 [℃]	−50〜−70	−50〜−70	−40〜−65
耐溶剤性	ガソリン,軽油	D	D	D
	ベンゼン,トルエン	D	D	D
	アルコール	A	A	A
	酢酸エチル	C	C	C
耐酸・耐アルカリ性	有機酸	D	D	D
	高濃度無機酸	C	C	C
	高濃度アルカリ	B	B	B
主な用途		大型タイヤ,履物,ホース,ベルト,一般用及び工業用品	タイヤ,履物,ホース,ベルト,一般用及び工業用品	タイヤ,履物,ゴム引布,床タイル,バッテリーケースなど一般用品

化学構造

NR, IR

SBR

BR

IIR

A：優　B：良　C：可　D：不可

ブタジエンゴム	クロロプレンゴム	ブチルゴム	エチレンプロピレンゴム	エチレン酢酸ビニル共重合体	クロロスルホン化ポリエチレン
BR	CR	IIR	EPM, EPDM	EAM	CSM
0.91〜0.94	1.15〜1.25	0.91〜0.93	0.86〜0.87	0.98〜0.99	1.11〜1.18
35〜55	45〜120	45〜75	40〜100	20〜30	30〜115
8.1〜8.6	8.2〜9.4	7.7〜8.1	7.9〜8.0	7.8〜10.6	8.1〜10.6
2.5〜20	5〜25	5〜20	5〜20	7〜20	7〜20
100〜800	100〜1000	100〜800	100〜800	100〜600	100〜500
30〜100	10〜90	20〜90	30〜90	50〜90	50〜90
A	B	D	B	B	C
B	B	B	C	B	B
B	B	C	B	D	C
C	B	A	B	B	B
A	A	B	B	A	A
B	A	A	A	A	A
D	A	A	A	A	A
D	A	A	A	A	A
D	B	D	D	B	B
B	B	A	B	B	A
D	C	D	C	C	C
10^{14}〜10^{15}	10^{10}〜10^{12}	10^{15}〜10^{18}	10^{12}〜10^{16}	10^{12}〜10^{14}	10^{12}〜10^{14}
120	130	150	150	200	150
−70	−30〜−40	−30〜−60	−40〜−60	−20〜−30	−20〜−60
D	B	D	D	B	C
D	D	C	C	D	D
A	A	A	A	A	A
C	D	A	A	C	D
D	D	C	D	D	C
C	B	A	B	B	A
B	A	A	A	A	A
タイヤ, 履物, 防振ゴム, もみすりロール, その他工業用品	電線, コンベヤベルト, 防振ゴム, 窓枠ゴム, 接着剤, 塗料など	タイヤチューブ, 電線, スチームホース, 耐熱コンベヤベルトなど	電線, 窓枠ゴム, ホース, コンベヤベルトなど	耐熱ガスケット, その他各種工業用品など	耐候性耐食性塗料, 屋外用ゴム引布, ライニングなど

$$\left(\text{CH}_2-\text{CH}_2\right)\left(\text{CH}_2-\underset{\text{Cl}}{\text{CH}}\right)\left(\text{CH}_2-\underset{\text{SO}_2\text{Cl}}{\text{CH}}\right)$$
CSM

$$\left(\text{CH}_2-\text{CH}_2\right)\left(\begin{array}{c}\text{CH}-\text{CH}_2\\ |\\ \text{C}=\text{O}\\ |\\ \text{CH}_3\end{array}\right)$$
EAM

$$\left(\text{CH}_2-\text{CH}_2\right)\left(\begin{array}{c}\text{CH}_2-\text{CH}\\ |\\ \text{CH}_3\end{array}\right)$$
EPM

$$\left(\text{CH}_2-\underset{\text{Cl}}{\text{C}}=\text{CH}-\text{CH}_2\right)$$
CR

(表 つづき)

ゴムの種類		塩素化ポリエチレン	エピクロロヒドリンゴム	ニトリルブタジエンゴム
略号（ASTMによる）		CM	CO, ECO	NBR
原料ゴム	比重	1.10〜1.20	1.27〜1.36	1.00〜1.20
	ムーニー粘度 ML_{1+4} (100℃)	68〜76	35〜120	30〜100
	溶解度指数 SP	8.6〜8.8	9.6〜9.8	8.7〜10.5
物理的性能	引張強さ [MPa]	7〜20	7〜15	5〜25
	伸び [%]	100〜600	100〜500	100〜800
	硬さ JIS：A	50〜85	20〜90	20〜100
	反発弾性	C	B	B
	引裂強さ	B	B	C
	圧縮永久ひずみ	C	B	B
	耐屈曲き裂性	B	B	B
	耐摩耗性	A	B	B
	耐老化性	A	A	B
	耐オゾン性	A	A	D
	耐光性	A	A	C
	耐炎性	B	B	D
	気体保持性	B	A	-
	耐放射線性	-	-	C
	電気絶縁性 [Ω·cm]	10^{11}〜10^{12}	10^{9}〜10^{10}	10^{10}〜10^{11}
	高温使用限界 [℃]	160	170	130
	低温使用限界 [℃]	-10〜-30	-20〜-40	-40〜-50
耐溶剤性	ガソリン, 軽油	B	A	A
	ベンゼン, トルエン	D	D	C
	アルコール	A	A	A
	酢酸エチル	D	D	D
耐酸・耐アルカリ性	有機酸	B	C	C
	高濃度無機酸	A	B	B
	高濃度アルカリ	A	B	B
主な用途		耐薬品用ホース, ロール, ライニング, その他工業用品	タイヤのインナー, オイルシール, 耐油ホースなど	オイルシール, ガスケット, 印刷ロールなど耐油製品
化学構造		$\mathrm{\{CH_2-CH_2-CH_2-CH\}\!-\!Cl}$ **CM** $\mathrm{\{CH_2-CH_2-O\}\!-\!CH_2Cl}$ **CO**	$\mathrm{\{CH_2=CH-CH_2-CH\}\!-\!CN}$ **NBR** $\mathrm{\{CH_2-CH_2-O\}\!-\!\{CH_2-CH-O\}\!-\!CH_2Cl}$ **ECO**	

A：優　B：良　C：可　D：不可

アクリルゴム	ウレタンゴム	多硫化ゴム	シリコーンゴム	フッ素ゴム
ACM	U	T	Q	FKM
1.09～1.10	1.00～1.30	1.34～1.41	0.95～0.98	1.82～1.85
45～60	25～60（又は液状）	25～50（又は液状）	液状	35～160
9.4	10.0	9.0～9.4	7.3～7.6	8.6
7～15	20～45	3～15	3～15	7～20
100～600	300～800	100～700	50～500	100～500
40～90	60～100	30～90	30～90	50～90
C	A	C	B	C
C	A	C	D	C
B	A	D	A	B
B	A	D	C	D
B	A	C	C	A
A	B	A	A	A
A	A	A	A	A
A	A	A	A	A
D	C	D	C	A
B	B	A	C	A
C	B	C	B	C
10^8～10^{10}	10^9～10^{12}	10^{13}～10^{15}	10^{11}～10^{16}	10^{10}～10^{14}
180	80	80	280	300
-10～-30	-30～-60	-10～-40	-70～-120	-10～-50
A	A	A	C	A
D	D	B	C	A
D	C	A	A	A
D	C	B	C	D
D	D	D	B	D
C	D	D	C	A
C	D	C	A	D
オイルシール，自動車エンジン関係のシールなど高温耐油製品	ソリッドタイヤ，高圧パッキン，タイパッドなど耐強力用として	高度の耐油性を要求するホース，パッキン，ロールなど	耐熱，耐寒性の工業用品及び医療用品，電気絶縁用品	耐熱，耐油，耐化学薬品性を要するパッキンその他

$$\left(\!-\!CH_2\!-\!CH\!-\!CH_2\!-\!CH\!-\!\right)$$
$$\quad\quad\;\;\, COOC_2H_5 \quad\; OC_2H_4Cl$$
ACM

$$\left(\!-\!CF_2\!-\!CH_2\!-\!C\!-\!CF\!-\!CF_2\!-\!\right)$$
$$\quad\quad\quad\quad\quad\quad\; CF_3$$
FKM

$$\left(\!-\!\underset{\underset{CH_3}{|}}{\overset{\overset{CH_3}{|}}{Si}}\!-\!O\!-\!\right)$$
Q

$$\left(\!-\!R'\!-\!O\!-\!\underset{O}{\overset{\|}{C}}\!-\!N\!-\!R''\!-\!N\!-\!\underset{O}{\overset{\|}{C}}\!-\!O\!-\!\right)$$
$$\quad\quad\quad\quad\; H \quad\quad\quad\; H$$
U

$$\left(\!-\!CH_2\!-\!CH_2\!-\!S\!-\!S\!-\!S\!-\!S\!-\!\right)$$
T

索　引

数字・欧文

2-C-メチル-D-エリトリトール 4-リン酸　19

ABA型トリブロックポリマー　103
ACM　11

bound rubber　112
BR　11

CAE　165
Carson, R. L.　4
CB　112
CB/NR 相互作用層　120
CB 凝集体　67
CB ネットワーク　67, 116
cis-1, 4-構造　89
cis 型プレニルトランスフェラーゼ（cPT）　20
CM　11
CNIL　120
CO　11
Cole-Cole プロット　73
CR　11
CSM　11

DMA　62
DMAPP　20
DNA マーカー　138
DSC　65

EAM　11
ECO　11
ESC　177

EPDM　11
EPM　11
EV 加硫　102

FKM　11
Flory, P. J.　48, 90
Frey-Wyssling particle　20

GFP　142
GUS　141

Harries, C. D.　49
$Hevea\ brasiliensis$　5, 14, 137
Hofmann, F.　49

IIR　11
$in\ vivo$　89
ITS　173
IPP　19
IR　6, 10, 91, 92, 93
ITS　175

LCA　173

Mark, H.　49
MAS　138
MEP　19
Meyer, K. O. H.　49
Mooney-Rivlin plot　52, 61
MVA　19

NARC-AK 法　114
NBR　11
NR　2, 5, 7, 10, 14, 49, 51, 89, 96, 190
NR 生合成　23

PE　90
PPO　114

Q　11

REF　21
ROS　144

SALB　16
SBR　6, 7, 10
SIC　7, 89, 90, 93, 94
SOD　144
SRPP　145

T　11
T-DNA　141
T_g　8, 40, 89, 96
TG　65
TIC　95
TMA　65
TPD　143
TPE　3, 10
$trans$-1, 4-構造　89
$trans$ 型プレニルトランスフェラーゼ（tPT）　20

U　11

WAXD　89, 91
WLF 式　41, 169

X 線回折　49, 90, 124
X 線吸収微細構造　127
X 線構造解析　49
X 線散乱　123

索引

β-グルクロニダーゼ 141

ア 行

アイオネンエラストマー 124
アイオネンポリマー 76
アグリゲート 112
アグロバクテリウム感染法 141
アグロメレート 112
アッベ数 77
アフィン (afine) 変形 47, 91
網目鎖 47, 91
網目構造 122
網目ドメイン 126
アモルファス 7, 89, 90
硫黄架橋 91
硫黄供与体 31
イオン重合 25
イソプレノイド 18
イソプレンゴム 6, 168
イソプレン単位 14
一軸拘束二軸変形 58
一軸変形 58
一次代謝産物 19
遺伝子型 136
遺伝子組換え技術 180
医用材料 86
ウェットスキッド抵抗 64
ウェルチ 153
エアレスタイヤ 176
エネルギー弾性 47
エピタキシー 91
エラストマー 3
エントロピー 8, 46, 91, 192
エントロピー弾性 5, 43, 48
エンベロープ特性 174
オーエンスレーガー 31
温度分散 66
温度誘起結晶化 95

カ 行

開環重合 24

ガウス鎖 44, 47, 51
化学ゲル 99
カーカス 156
架橋 10, 37, 97, 100
架橋ゴム 3
架橋鎖 82, 117
架橋鎖分率 68, 117
架橋点 45
架橋点の数密度 68
拡散透過率 80
核生成 94, 96
過酸化物架橋 36
カチオン重合 25
ガッタパーチャ（グッタペルカ） 14
カッツ 49, 91
カップリング剤 101
カーボン・ニュートラル 5, 15
カーボンブラック（CB） 100, 112, 154
茅の式 186
ガラス転移温度 7, 8, 40
加硫 2, 10, 31, 48, 91, 123
加硫ゴム 111
加硫反応 190
加硫戻り 33
カルス 140
過冷却状態 43
過冷却度 96
カロザーズ 50
完全二軸変形 58
気体圧入タイヤ 48
キノンオキシム架橋 37
キャスティングタイヤ 178
均一網目構造 126
均一核生成 94
空気圧入タイヤ 3, 84
屈曲性高分子 51
屈折率 77
グッドイヤー 2, 31, 151
駆動・制動性能 159
グリーン強度 93
クロロプレンゴム 50, 96

クーン 32, 50, 51
形質転換 140
結晶化 40, 51, 89
ゲル 99
ゲル化理論 118
光学的性質 75
高次構造設計 100
合成ゴム 3
構造相転移 67, 119, 120
高内圧ダウンサイジングタイヤ 176
高分子説 48
高分子反応 28, 86
固体化温度 (T_s) 40
古典ゴム弾性論 47, 50, 60
コーナリングスティフネス 175
ゴム系繊維強化複合材料 165
ゴム状態 39, 40, 43
ゴム弾性 3, 5, 43, 50
ゴム粒子 15
孤立鎖 82
コールドフロー 43
転がり抵抗 161
混練り 100

サ 行

最近接粒子間距離 115
最適形状設計法 164
再分化 140
鎖の絡み合い 98
酸化亜鉛 129
時間-温度換算則（WLF 式） 42, 169
自己補強効果 91
示差走査熱量計 65
自然平衡形状 163
シフトファクター 42
ジメチルアリル二リン酸 20
射出成型 178
遮蔽効果 80
自由エネルギー 46
自由体積 41, 42

重付加 24
縮合 24
樹木モデル 124
情報技術 (IT) 179
シランカップリング剤 83, 172
シリカ 78, 157, 171
シリカ分散改良剤 172
シリカ用変性ポリマー 172
シンクロトロン放射光 52, 93, 96, 124
親水性シリカ 78
伸長結晶化 7, 62, 90, 93, 125
水素化 28
スキッド抵抗 64
スコーチ性 33
スタウディンガー 48, 190
スチールラジアルタイヤ 154
スチレンブタジエンゴム 6, 168
ステアリン酸 93, 129
ストラクチャー 113
素練り 100
スルフィド結合様式 130
静的誘電率 73
制振用ゴム 97
積層構造 122, 166
セグメント 50, 89
セグメント化ポリウレタンウレア 87
セミ EV 加硫 102
ゼロせん断粘度 42
全自動成型システム 157
全透過率 80
線膨張係数 (CTE) 66
占有体積 41
早期加硫防止剤 100
双極子 70
相溶性 171
疎水性シリカ 78
その場生成 91
その場反応 29
ソフトコンポジット 70

ソフトセグメントマトリックス 87
ソフトマテリアル 8, 76
ソリッドタイヤ 152
ゾル-ゲル反応 125
損失正接 63
損失誘電率 73

タ 行

大径化 177
体積抵抗率 71
体積膨張係数 39
タイヤ技術 189
タイヤ空気圧監視システム (TPMS) 158, 174
タイヤ新生産方式 (C3M) 158
タイヤ騒音 161
多軸変形実験 58
タック 101
脱分化 140
単結晶 41, 90
弾性エネルギー 59
弾性率 166
ダンロップ 153
チオウレア架橋 37
チーグラー 192
チーグラー触媒 27
知能タイヤ (intelligent tire) 176
貯蔵誘電率 73
低温結晶化 90, 95, 96, 97
テフロン 84
電気光学的のデバイス 76
電気的ネットワーク 68
電子線トモグラフィー 113
転写調節タンパク質 142
天然ゴム 2, 5, 14, 49, 90, 168, 189
等自由体積状態 43
動的架橋 104
——エラストマー 104
動的弾性率 63
動的力学の測定 (DMA)

58, 62
導電性 70
——ゴム 85
導電率 88
等二軸変形 58
透明性 75
特殊用途ゴム 11
トポロジー 98
トムソン 2, 151
トランスクリプトーム 146
トンネル効果 71

ナ 行

内部エネルギー 46
ナイロン 50
ナノフィラー 85, 113
軟化温度 40
南米葉枯病 16
二軸変形 58
二次代謝産物 19
乳化重合 SBR 172
乳化重合法 11, 26
ニューマチックタイヤ 5, 188
熱可塑性エラストマー 3, 10, 86, 123
熱機械分析 (TMA) 65
熱重量分析 (TG) 65
ネットワーク構造 113
粘性 63
粘弾性 63
粘弾性特性 ($\tan\delta$) 165, 169
ノーベル賞 49, 191

ハ 行

配位アニオン重合 25
バイオテクノロジー 4
配合表 100
ハイドロプレーニング 167
バウンドラバー 100, 112
ハードセグメントドメイン 87
パーフルオロフッ素ゴム 84

パラゴムノキ 5, 14, 137, 190
パルマー 154
半屈曲性高分子 51
ハンコック 152
パンタグラフモデル 95
反応成型 102
汎用ゴム 10
非圧縮性 47, 60
非ガウス鎖 52
光透過性 78, 80
微結晶 90
非自然平衡形状 164
ひずみエネルギー密度関数 59
非相溶ブレンド 171
ピッチノイズ理論 167
ファントムモデル 51
フィラー 112
フィラーゲル 100
フィラー/フィラー相互作用 82
フォトクロミズム 76
付加 24
不均一網目構造 126
複合材料 162
複合モデル 119
複素弾性率 63
複素誘電率 73
賦形 101
ブタジエンゴム 168
ブチルゴム 168
普通加硫 102
フッ素ゴム 84
物理ゲル 99
不定胚 140
不変ひずみテンソル 59
ブラッグの条件式 90
ブレイクスルー 135
ブレーキングスティフネス 175
プレニルトランスフェラーゼ 20
プロモーター 142
フローリー 48, 190

分化全能性 140
分岐鎖 82, 117
分岐鎖分率 69, 117
分岐点の数密度 68
分散性 172
分子設計 100
分子理論 51
平行透過率 80
ペイン効果 113
ヘーズ 80
変形指標 170
ポアソン比 45, 48
補強効果 119, 172
補強性フィラー 100
ホッピング機構 71
ポリイソプレノイド 14
ポリウレタン 87
ポリエチレン 98
ポリチオール系架橋 37
ポリフェノールオキシダーゼ 144
ポリマーゲル 76
ポリマー分子末端 171
ボルツマンの式 46

マ 行

マーカー選抜育種 138
マスターカーブ 42
末端架橋 125
摩耗 161
摩耗エネルギー 176
マリンス効果 113
マルコフ 90
ミクロ相分離構造 102
ミクロブラウン運動 43, 47, 50
ミシュラン兄弟 153
水架橋 37
密度汎関数（DFT）法 133
みみず鎖 51
ムーニー-リブリン式 52, 61
メカノケミカル反応 100
メソゲン 104
メタセシス重合 27

メタロセン触媒 27
メッシュサイズ 127
メバロン酸 19
免震 122
免震用ゴム 97
モデルネットワーク 83
モビリティ 177
モルフォロジー 91, 112

ヤ 行

有機／無機ハイブリッドゴム 124
有限要素法 164
融点（T_m） 39
誘電緩和 72
誘電体 70
揺らぎ 97
溶液重合 11, 26, 171
横滑り防止装置（ESC） 177

ラ 行

ラジカル重合 25
らせんポリマー 51
ラテックス 14
ラドン変換 114
ランダム鎖 44, 51
ランフラットタイヤ 157
リアクティブ・プロセッシング 101
立体規則性 27, 89
リビングアニオン重合 25
粒子分散系複合材料 162
両親媒性エラストマー 124
緑色蛍光タンパク質 142
レオロジー 63
レプテーション 97
連鎖長 89
連鎖反応 24
ロシアタンポポ 18
ロジスティックス 185

ワ 行

ワユーレ 17

著者略歴

池田 裕子（いけだ ゆうこ）
- 1956年　京都府に生まれる
- 1988年　名古屋大学大学院農学研究科後期博士課程中退
- 現　在　京都工芸繊維大学分子化学系教授
　　　　　工学博士

加藤 淳（かとう あつし）
- 1954年　山形県に生まれる
- 1985年　東北大学大学院理学研究科博士課程修了
- 現　在　株式会社日産アーク
　　　　　オートモーティブ解析部
　　　　　シニアエンジニア
　　　　　理学博士

鞠谷 信三（こうじや しんぞう）
- 1942年　大阪府に生まれる
- 1969年　京都大学大学院工学研究科博士課程中退
- 現　在　京都大学名誉教授
　　　　　工学博士

高橋 征司（たかはし せいじ）
- 1972年　福島県に生まれる
- 2001年　筑波大学大学院生物科学研究科博士課程修了
- 現　在　東北大学大学院工学研究科バイオ工学専攻准教授
　　　　　博士（理学）

中島 幸雄（なかじま ゆきお）
- 1952年　栃木県に生まれる
- 1985年　アクロン大学大学院機械工学科博士課程修了
- 現　在　工学院大学先進工学部機械理工学科教授
　　　　　Ph. D.

ゴム科学
―その現代的アプローチ―

2016年11月25日　初版第1刷
2017年3月10日　　第2刷

定価はカバーに表示

著　者　池　田　裕　子
　　　　加　藤　　　淳
　　　　鞠　谷　信　三
　　　　髙　橋　征　司
　　　　中　島　幸　雄
発行者　朝　倉　誠　造
発行所　株式会社　朝倉書店
　　　　東京都新宿区新小川町6-29
　　　　郵便番号　162-8707
　　　　電　話　03(3260)0141
　　　　FAX　03(3260)0180
　　　　http://www.asakura.co.jp

〈検印省略〉

© 2016〈無断複写・転載を禁ず〉

印刷・製本 東国文化

ISBN 978-4-254-25039-8　C 3058

Printed in Korea

JCOPY 〈(社)出版者著作権管理機構 委託出版物〉

本書の無断複写は著作権法上での例外を除き禁じられています。複写される場合は、そのつど事前に、(社) 出版者著作権管理機構 (電話 03-3513-6969, FAX 03-3513-6979, e-mail: info@jcopy.or.jp) の許諾を得てください。